英国花境案例品读

THE CASE ANALYSIS OF BRITISH FLOWER BORDER

花园时光编辑部　编

中国林业出版社
China Forestry Publishing House

英国花境案例品读

THE CASE ANALYSIS OF
BRITISH FLOWER BORDER

总 策 划： 花园时光编辑部
执行编辑： 北京和平之礼造园机构
品 读 人： 楼嘉斌　林善媚　翟　娜　佟亚荣　谢雨菡嫣　李　清
摄　　影： 盛小玲　赵芳儿

图书在版编目（CIP）数据

英国花境案例品读 / 花园时光编辑部编. -- 北京：
中国林业出版社, 2020.7

ISBN 978-7-5219-0638-7

Ⅰ. ①英… Ⅱ. ①花… Ⅲ. ①花境—设计—案例—英国
Ⅳ. ①S688.3

中国版本图书馆CIP数据核字(2020)第112691号

责任编辑： 印　芳
出版发行： 中国林业出版社
（100009 北京市西城区刘海胡同7号）
电　　话： 010-83143565
印　　刷： 河北京平诚乾印刷有限公司
版　　次： 2020年7月第1版
印　　次： 2020年7月第1次印刷
开　　本： 710mm × 1000mm 1/16
印　　张： 14
字　　数： 280千字
定　　价： 68.00元

前言

Preface

花境起源于英国，以花境为主要造景形式的花园式园林是英国自然风园林的独特景致。笔者多次探访英国，领军全球花境设计的英国花境在脑海中留下了深刻的印象。

花境最初源于英国庭院，位于英国中部牛津地区的阿利庄园中的草本花境是现代花境真正的发源地，是花境设计师们膜拜之地。这种古老的植物配置形式源于19世纪的维多利亚时代，到20世纪由著名造园师杰基尔进一步发扬光大，成为广泛应用于英国乡村庭园的花境形式，并进一步演变为多年生花境、花境、混合花境等形式。

但如今，花境的应用已经远不仅局限于庭院中。人们生活中的各种环境，都可以有花境的装饰。花境的规模也有大有小，应用形式非常多样。本书中的花境均为笔者在英国拍摄，这些花境有英国皇家园艺协会花园里的大体量花境，有私家花园的花境实景，有装饰园林家具、雕塑等元素的迷你花境，也有容器花园这样特殊的花境小品。

衷心感谢北京和平之礼造园机构设计师的专业点评，让这本书更具参考意义！无论您是设计师，还是花园爱好者，希望您读完这本书，能给您一些花境设计和应用灵感。

编者

2020.5

Contents

·庭院花境·

· 花 境 小 品 ·

· 容 器 小 品 ·

· 展 示 花 境 ·

T H E C A S E

B R I T I S H F L

S T U D Y O F

庭院花境

TingYuan HuaJing

花境是庭院设计中常用的元素。近年来，庭院花境的设计越来越追求自然，即模仿花草在大自然中自然生长的状态，英式花境尤其如此。在这一部分中，我们将看到各种场合的花境设计，如岩石花境、林下花境、水生花境等等。其中有些花境不一定精致，但却极大地还原了原生态的样子。

E R B O R D E R

林下阴生花境

这是一组林荫花境，使用了各种不同的绿，在黑色碳化木景墙映衬下，更显安静，让人如置身丛林之中，被绿色环抱。暖黄色的花园路平衡了整个区域中性偏冷的色调。

花境中，变化使用不同叶形的植物，让连续的绿色有了变化，其中大叶子植物靠近花园路使用，更符合石材路的整齐感。

除了适地选择阴生植物外，所选植物的花序和花色，也相互呼应整个花境主题。

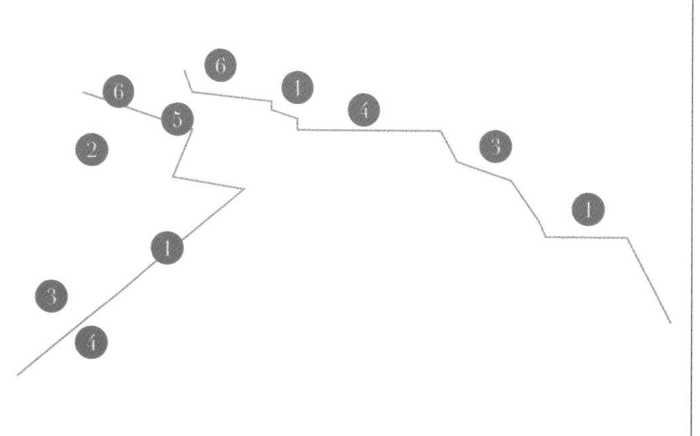

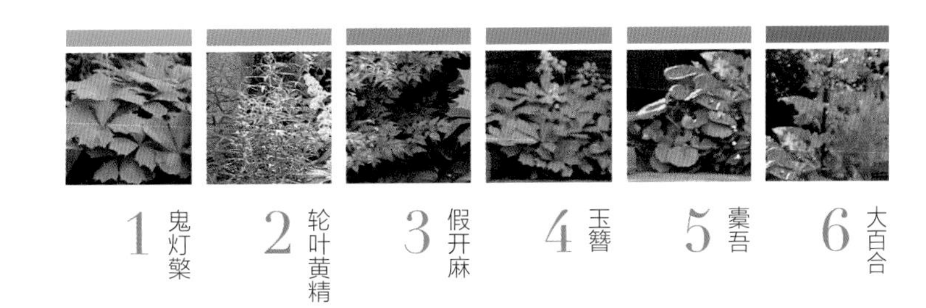
1 鬼灯檠
2 轮叶黄精
3 假开麻
4 玉簪
5 橐吾
6 大百合

林下阴生花境

这是一组林荫花境，在黑色碳化木背景墙，种植了大叶子的橐吾和七叶鬼灯檠，搭配种植了细叶形的轮叶黄精、金脉鸢尾和蕨类植物，利用不同形态的绿色组成这个花境。

在大片的绿色中，各个植物的花是另一个焦点——互补色的花，提亮了整个花境，可能在这个照片中看不见。绿色叶片打底之上是杓兰、轮叶黄精、鬼灯檠和橐吾的花都为黄色，但颜色不尽相同。

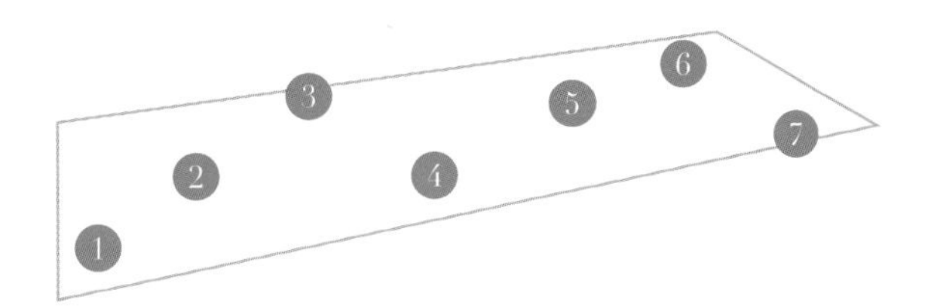

1
鬼灯檠

2
金脉鸢尾

3
轮叶黄精

4
橐吾

5
蕨类（鳞毛蕨）

6
杓兰

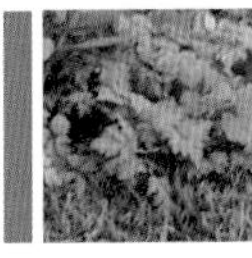

7
藁本

洒脱粗犷林下花境

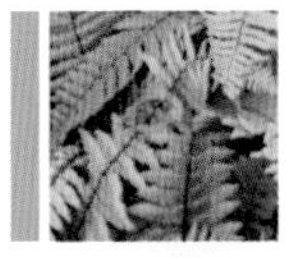
1
蕨类（鳞毛蕨）

2
鬼灯檠

3
发草

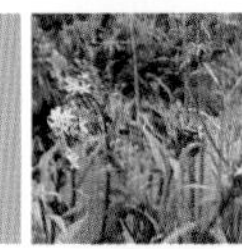
4
水甘草

5
十大功劳

6
草茱萸

7
大花波鸢尾
（大花利氏鸢尾）

在这个区域的花境中，同样也是在绿色之中，利用植物的花色零星点缀，白色、蓝色和浅黄色，不同于前两张图片中的整齐感，这里两三种色彩花卉的混用，给人更为自由洒脱的感觉，和此处花园泥泞小路更为相符。

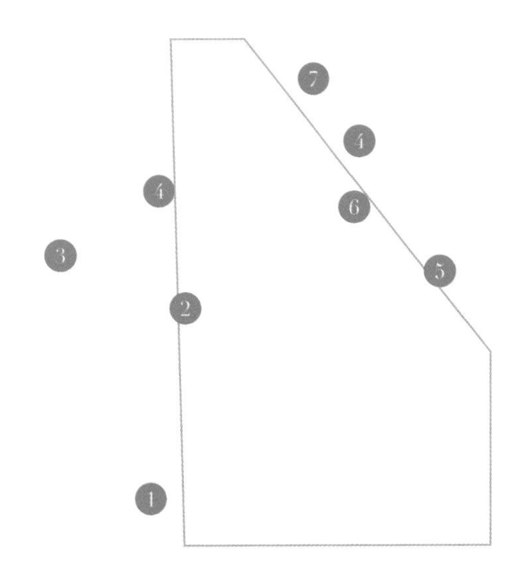

现代花园花境

这可以说是一个传统花境的现代演绎版。花境中有大乔木和球形欧洲红豆杉作为骨架，剩下空间填充宿根花卉植物。

花境整体色调偏暗，高层的松树、中层的墨绿色红豆杉球、背景红豆杉绿篱，甚至是底层的紫色薰衣草，和远处花园棚架的色调，让整体景观明度较低，但是花境却不显沉闷，因为其中有规律地穿插局部种植白色、粉色花卉和浅绿叶色植物等，提亮整个花境。偶尔出现点植的橙色毛蕊花和鸢尾，更是花境的视觉亮点，和远处花园棚架的装饰小品颜色呼应，硬景和软景相融一体。

整体花境配色与远处的花园棚架一致，让空间有一体感，令人冷静但不沉闷。很符合现代花园的花境配植趋势。

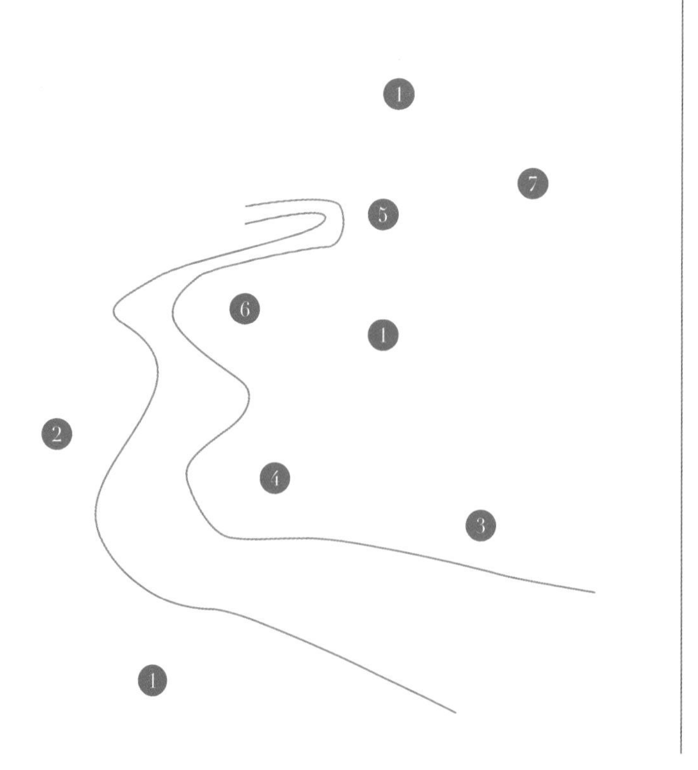

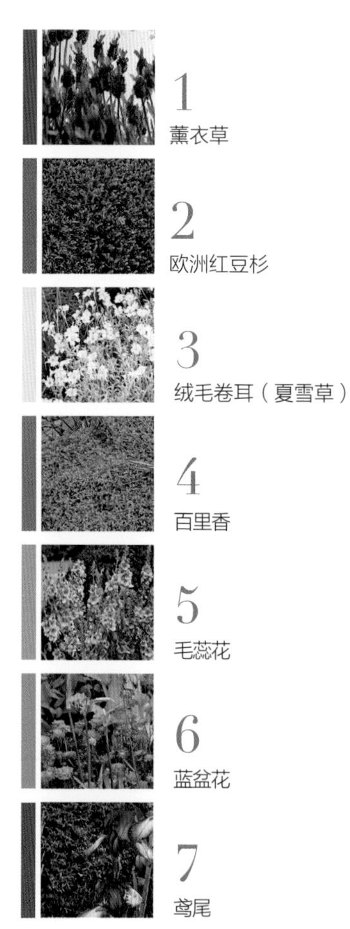

日式禅味花境

这是一处日式的临水驳岸花境。在水体岸边石头上，以苔藓为基础种植，在花境结构上层处用稍微大体量的日本枫树作为视觉焦点，新叶和秋叶的红色也成为整个画面中的一个亮点。

临水花境中，不能缺少的是水生鸢尾，这里用西伯利亚鸢尾替代。竖向线性形态植物是这里的中层结构，气候允许的地区也可以使用木贼。

这里使用少量的品种和数量，所选植物花色花型不浓艳重彩，营造出静谧禅式意境。

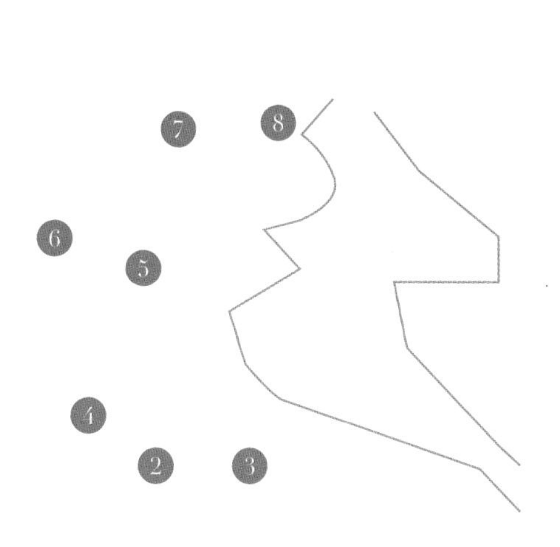

1
日本红枫

2
石菖蒲

3
木贼

4
花叶蕺菜（花叶鱼腥草）

5
西伯利亚鸢尾

6
苔藓类

7
蕨类

8
小叶日本槭

岛式花境

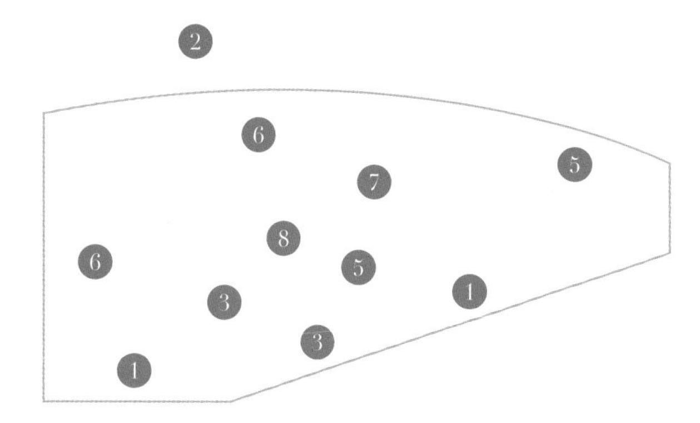

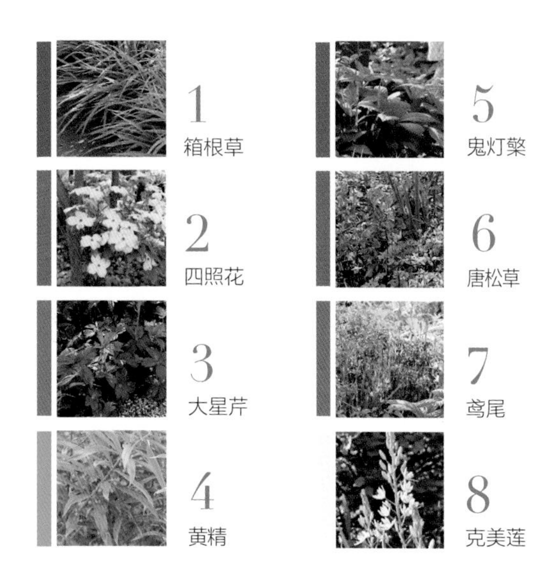

这是一个岛式花境，视觉的焦点是岛中比较高大的植物——丛生四照花，由中心向岛边缘，逐渐种植不同高度的宿根花卉，形成高低层次，可供游人四面观看。

花境没有使用大花型的植物，以植物叶片的绿色为主，用蓝、粉和红的花朵颜色零星点缀，避免大片鲜艳的色彩，更为自然，更易被人们接纳和亲近欣赏。

这里有使用球根植物也是我们可以借鉴运用的点，除了弥补植物多样性的选择外，还可以延长花境的观赏期。

岛式花境

这是岛式花境给出另一种演绎方式，在没有种植空间的岛式花境，不使用高大植物（小乔木、灌木或常绿植物）作为结构，全用宿根花卉进行种植。

岛式花境的层次与种植空间也有关系。可这里确实有意而为之——不使用结构乔灌木。但是这个花境却不是没有层次。

用线条感比较强烈的鸢尾和克美莲作为“结构”，每种植物增加种植组团，让本来就没有多少种植面积的花境整齐划一，让每一种植物在盛花期时成为一个视觉焦点，延长花境的观赏价值。

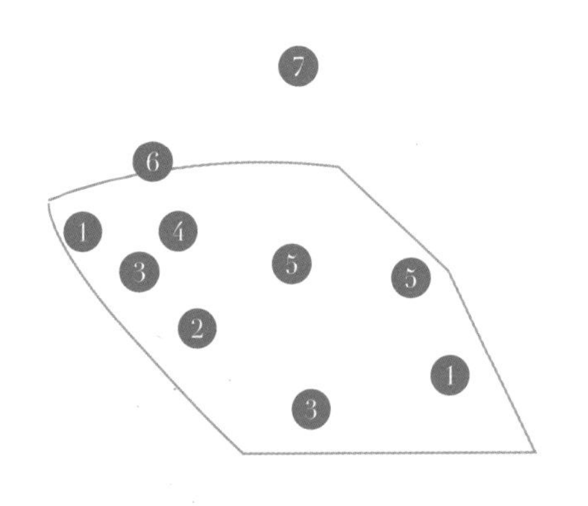

1 大花拳参

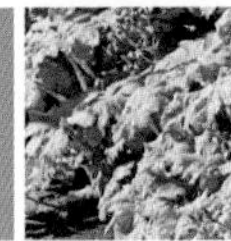

2 老鹳草

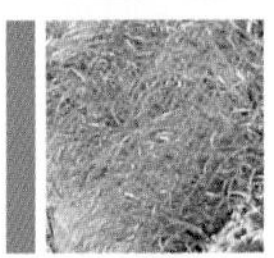

3 观赏草

4 鬼灯檠

5 克美莲

6 鸢尾

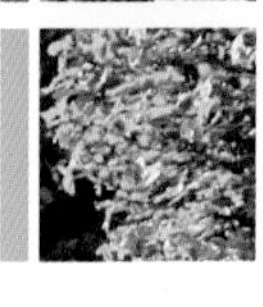

7 鹅耳枥

耐旱植物花境

这是一处耐旱植物花境，可以应用在岩石花园中。

花境以粉、蓝、紫色为主，搭配一些黄绿色。为了园路覆盖物（碎石）的色彩呼应，植物中使用了一些灰绿色叶子的宿根花卉，如荆芥和蓍草。

耐旱花境中不可缺少的是观赏草的运用。其中的细茎针茅羽化般的效果穿插在花境中，填充植物与植物之间的空隙，让花境更为整体。

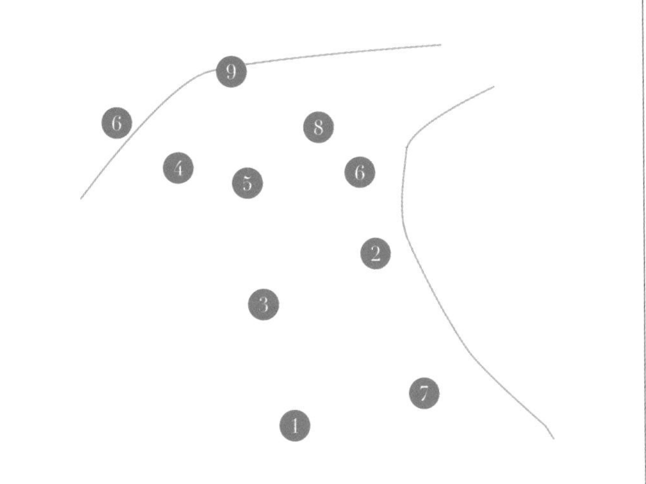

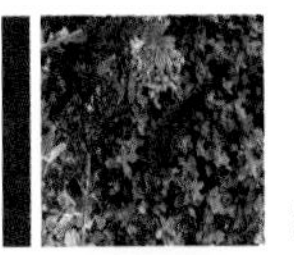

1 鼠尾草

2 大戟

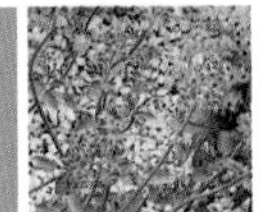

3 荆芥

4 银叶蜡菊

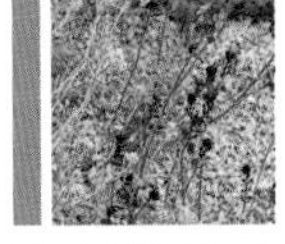

5 欧亚香花芥

6 细茎针茅

7 虾夷葱

8 蓍草

9 柳叶马鞭草

园路装饰花境

沿着花园园路的两侧是白蓝搭配的花境，和园路白色碎石相协调，尽显清新大方。

偶尔的粉色小花植物，这里使用的是飞蓬（也可以是黄绿色小花型植物），能让花境整体效果更为出彩，并能吸人眼球。

靠近水景一侧使用低矮地被植物，而在背景墙侧，结合造型变幻偶尔使用高的植物如柳叶马鞭草或藤本月季，作为花境变化的点，不至于过于平淡，产生视觉疲劳。

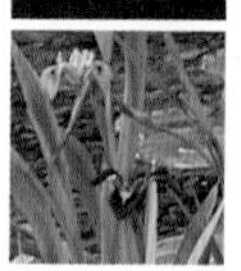

1 水生鸢尾

2 飞蓬

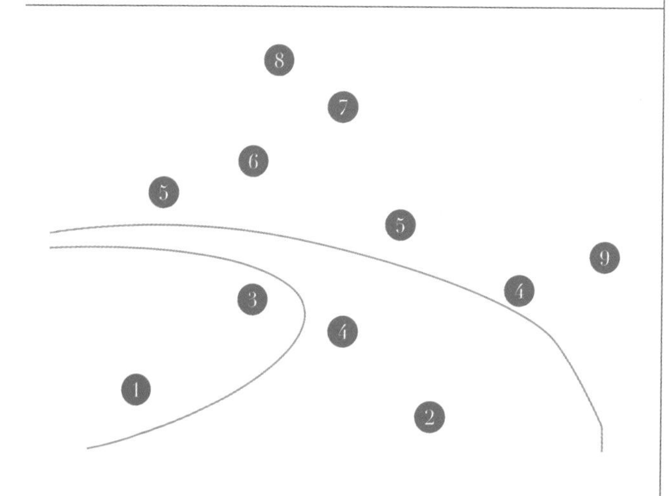

3 西伯利亚鸢尾
4 荆芥
5 细茎针茅
6 水果篮子
7 藤本月季
8 柳叶马鞭草
9 海桐

野趣种植池花境

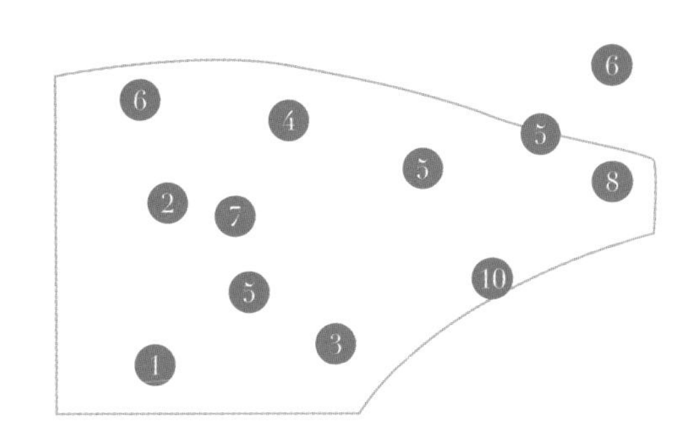

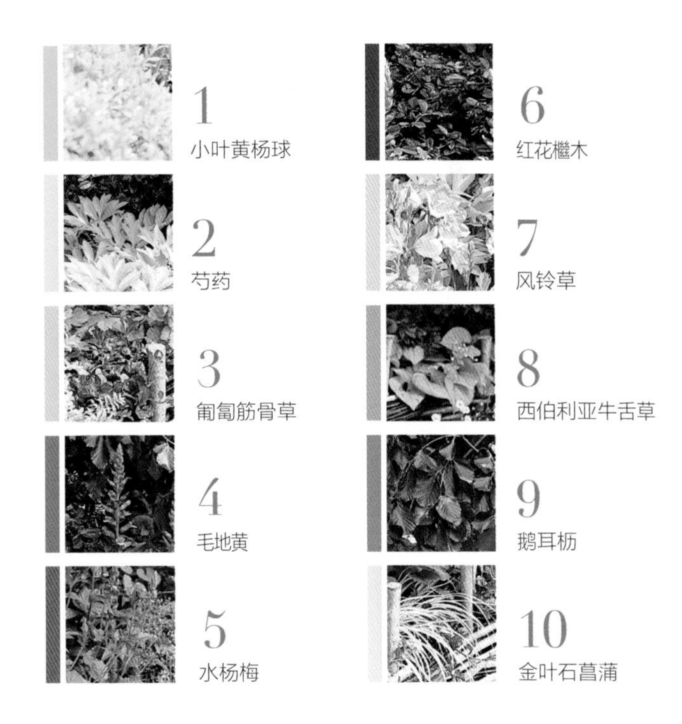

这个花境的亮点是使用了藤条将种植区域与花园园路分隔开来，有一种抬高种植花池的效果，让软景与硬景有明显边界，能让花园更为整齐。这样规范了植物种植空间后，也利于后期的打理和维护。

这样的藤条花池充满野趣和自然。

混色的花境中，黄色和橙色花卉植物成为视觉亮点。植物颜色从背景到前景，亮度由低到高有变化，让整个花境立体。

香草花境

这个花境植物搭配也可以用在蔬果花园或者香草园。百里香可以更换成迷迭香、牛至、罗勒等。

偶尔点缀种植一些宿根花卉植物，丰富花境的视觉效果，也可以选择一些藤本植物如香豌豆等作为竖向焦点。

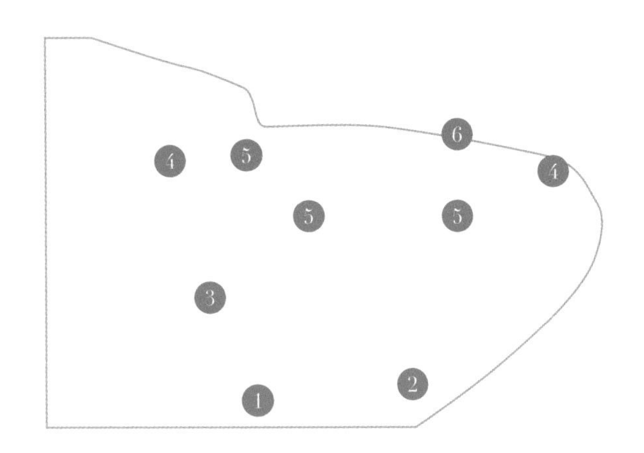
4
5
6
4
5
5
3
2
1

1
飞蓬
2
匍匐筋骨草
3
百里香
4
红花除虫菊
5
虾夷葱
6
风铃草

Education
Changes

农作蔬果花境

这是一个可以称为蔬果花园或者农作花园的展示园，所使用的植物以蔬果和农作物为主。

但是花园中园路泥土的颜色、构筑物和花园围墙，甚至是种植盆器的颜色搭配鲜艳明亮，是最大的卖点，即使花园中“作物般”生长的植物，并没有杂乱无章。

蔬果花园的现实应用，除了日常打理以外，怎样规划好种植蔬果季节表也极为重要，一是更有效低利用种植地；二是能产出更为多样的蔬果。

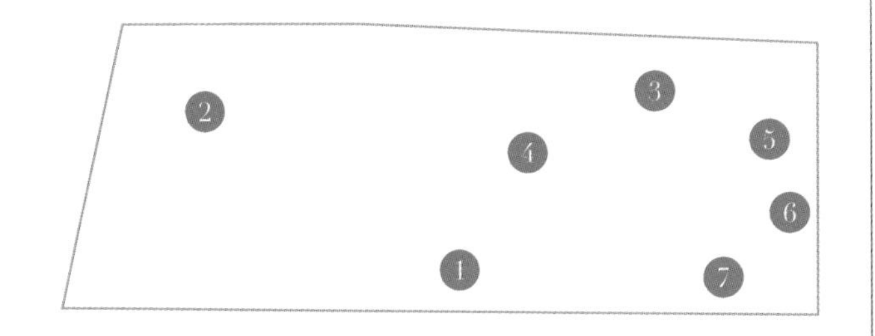

1 观赏草

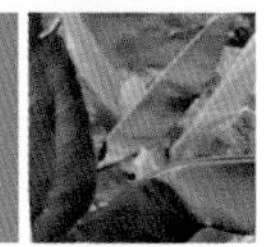
2 美人蕉

3 高粱

4 旱金莲

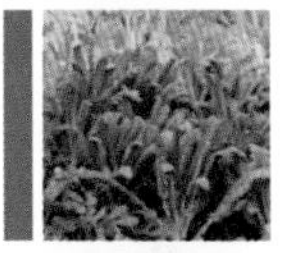
5 甘蓝

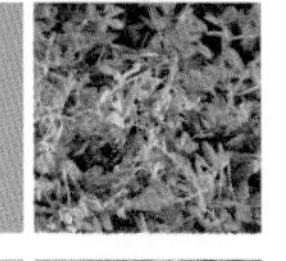
6 花生

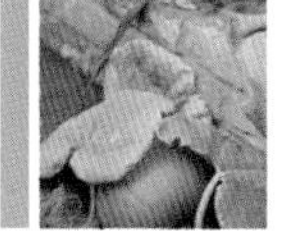
7 南瓜

Case 13 乡村花园烂漫花境

这样乡村一隅的小景，旧物利用制作而成的棚架（凉亭），原始生态，生动又充满岁月感。

花境以蓝粉为主，搭配灰绿色，渲染休闲安静氛围。

整体花境虽然没有强烈颜色对比的视觉冲击，但是高度上突出的竖向花卉，如大花葱、鸢尾或是观赏草（巨针茅）的使用，是一种形态对比，能抓住观赏者眼球。

另外在中间花境背后有一株藤本的月季，旨在攀爬背后的棚架，想象如果月季花开满了棚架，将是一种浪漫。

如果选择的是有明显香味的品种，和右侧薰衣草，则制造了花园的又一惊喜。

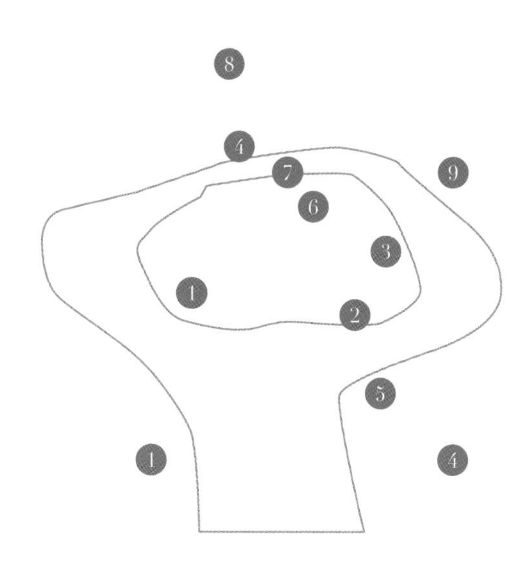

1
牻牛儿苗

2
石竹

3
鼠尾草

4
鸢尾

5
蓍草

6
细茎针茅

7
大花葱

8
巨针茅

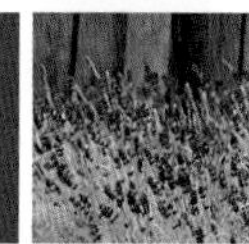

9
薰衣草

岩石花境

用这种简单干裂石块抬高花池，利用自然石头之间的空隙种植一些耐旱的岩生植物或高山植物（低矮植物），充满自然野趣的味道。特别是一些匍匐茎或者平卧茎的植物，如百里香，矮型老鹳草等，即有好看的花又能很好地覆盖花池的边缘，柔化了花池坚硬的侧立面，能为立面景观增添色彩。

这样的做法非常适合小空间小尺度的花园，充分利用上花园中的每一寸地方，营造自然的绿洲。

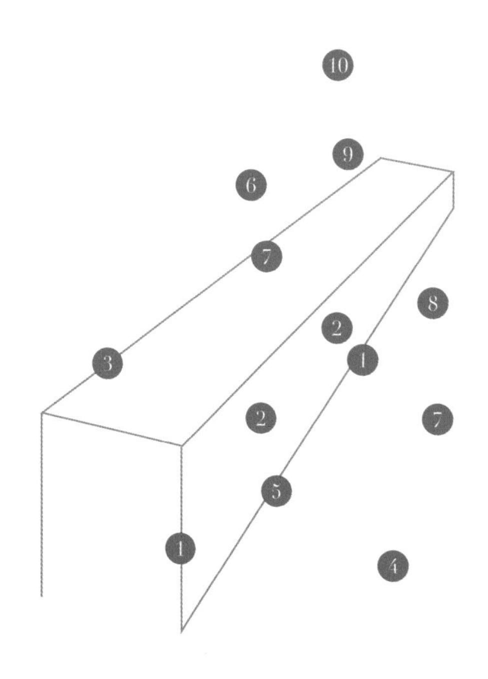

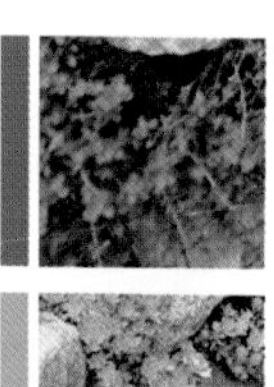

1
百里香

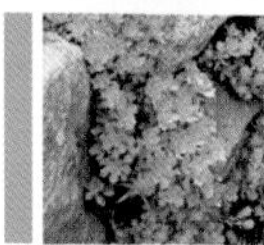

2
多肉植物

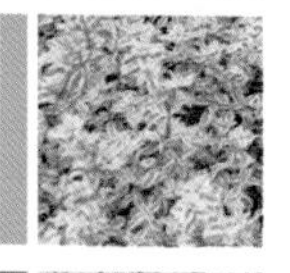

3
花叶百里香

4
岩生庭菖蒲

5
岩生风铃草

6
鸢尾

7
飞蓬

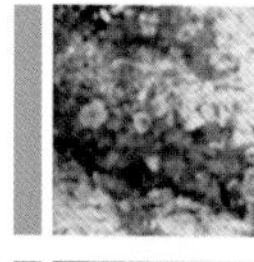

8
老鹳草

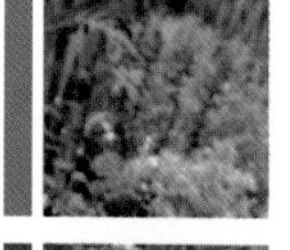

9
鼠尾草

10
大花葱

Case 15

地中海风花境

如果花园光照比较充足（几乎是全日照），又喜欢地中海风格或岩石花园风格的话，可以借鉴这组花境的应用。

花池、水景和园路的颜色以棕色和白色为基调，搭配植物不同绿色，呼应点缀黄色和橙色的花卉，增加一点点的蓝紫色对比，提亮整体花境。

花境植物以耐旱低矮植物为主，远处背景偶见高大乔灌木，更符合花园风格。

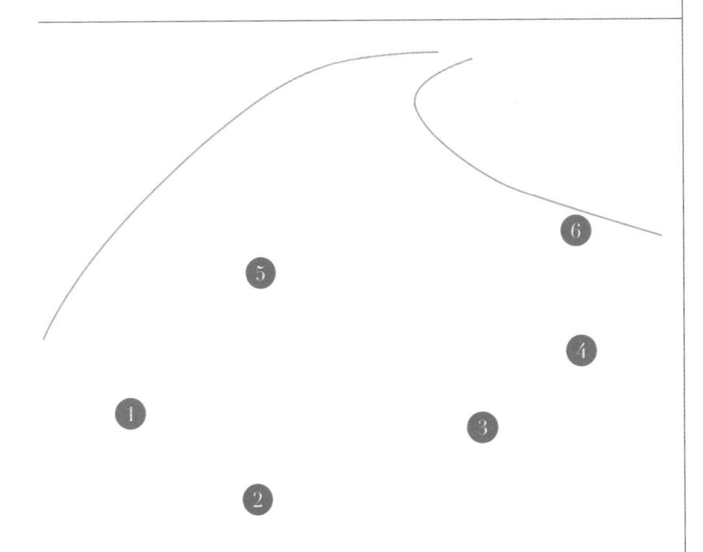

Case 16

花坛花境

为了迎合这个设计的主题，这个花境整体颜色使用的是绿色、白色和淡黄色，营造一种舒缓安静的氛围，满满的亲和力，让来往或者到此休闲的人们得到身心和精神的放松。

在无障碍通道旁边的抬高花池，让腿脚不便的人士在通行时，和台阶区有一个隔挡。这个阻隔也可以是一个坐视高度的植物景观，但并不是完全的阻隔，透过花境植物还能看清远处的情况。

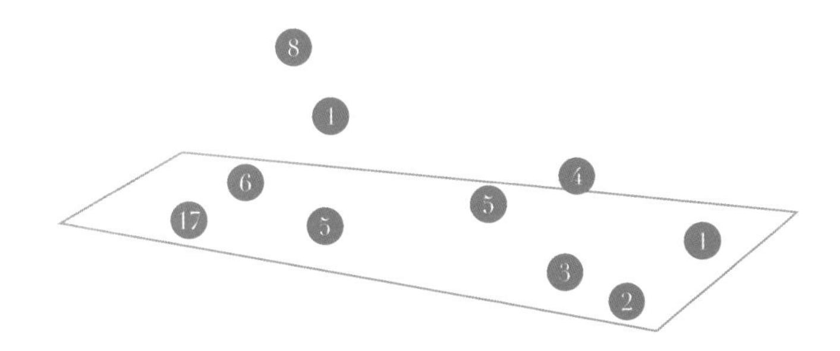
8
1
6
4
17
5
5
1
3
2

Case 17

近水生态花境

这是一个探讨城市水循环利用和生态环保可持续发展的设计。所以围绕了这个浅水系的设计，营造一种近水植物的生态环境。

所选用的是喜欢土壤湿度大的植物，如鬼灯檠、水生鸢尾（花菖蒲）、皱叶泽兰等。

花境整体以植物叶色——绿色和硬景雕塑的灰白色为主色，穿插搭配蓝紫和浅粉的花色，给人清新，大方简洁的感受。

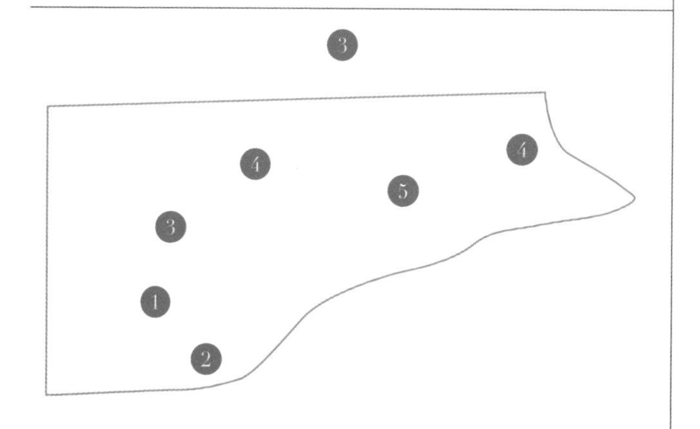

1 薹草

2 蕨类

3 皱叶泽兰

4 大花菖蒲

5 鬼灯檠

沼生植物花境

此处可以说是一组沼生植物花境，可以应用在日照时间不长的水景（溪流、池塘或沼泽）中。

花境以明度高的植物为主，提亮整体视觉效果，白色、浅粉色、浅绿色、浅蓝色等。偶尔见的紫色、深粉色为花境色彩增加变化，丰富景观效果。

这样浅色系的花境，在花园中，特别是光照不强的区域，能成为整个环境的一个亮点，吸人眼球。

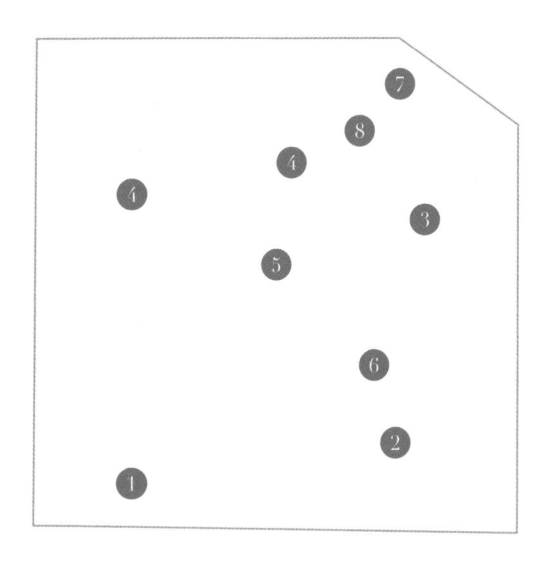

1 老鹳草

2 花葱

3 皱叶泽兰

4 鸢尾

5 鬼灯檠

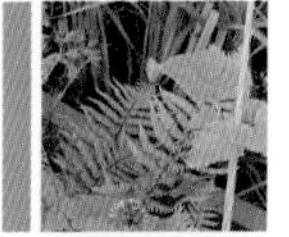

6 蕨类

7 克美莲

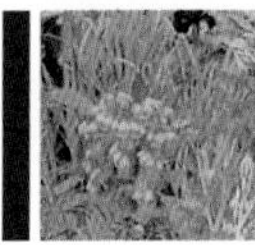

8 大戟

Case 19 活泼儿童花园花境

这是一个围绕儿童早教主题展开设计的花园。目的在儿童的园艺教育和生态环境学习。因此搭配种植的是一个色彩丰富的花境，色彩鲜明，饱和度高的对比色应用，生动活泼，热烈华丽，也充分呼应了景观小品的设计主题。

这里值得一提的是大丽花在花境的中应用。它属于块根植物，虽然在国内市场还不算大众化，但是有很多途径可以采购到。大丽花在国外有很多园艺品种，植株高度、花型和花色选择都很多，花期时间长，是夏秋季花境植物的佳选。

1 毛蕊花

2 肺草

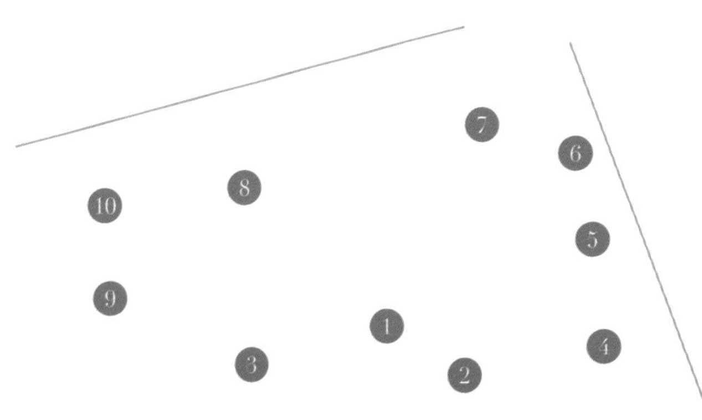

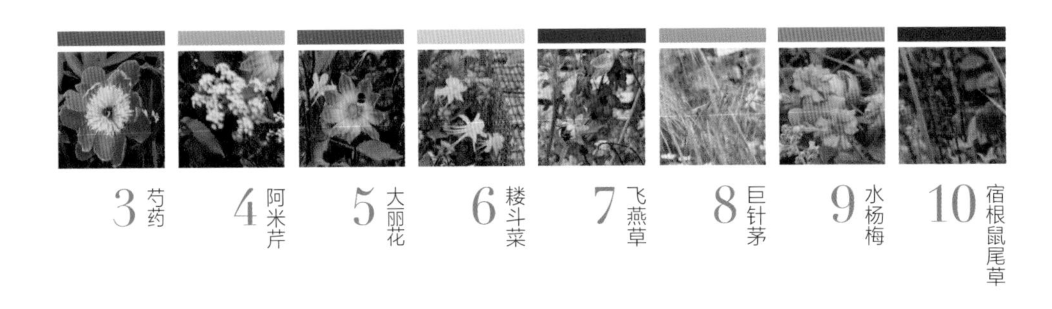
3 芍药
4 阿米芹
5 大丽花
6 耧斗菜
7 飞燕草
8 巨针茅
9 水杨梅
10 宿根鼠尾草

道路装饰花境

洋红色（深粉色）的花园构筑物小品是花园中最抢眼的亮点，所以与之搭配的植物需要衬托这个主景或者起到弥补作用就可以。

植物选择深粉色的相邻色——橙色和蓝紫色偶尔加入一些跳色的白花植物，提亮整体花境。

这里选择的植物都可以在蔬果花园或菜园中很好地应用。角堇、金盏花、茼蒿菊等，用来填充空隙或种植在灰色空间，或蔬菜搭配混种，能很好地装饰蔬果园。

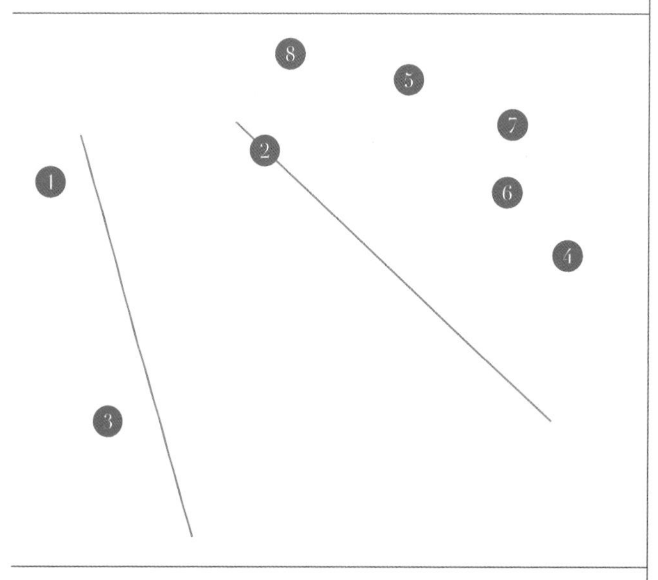

1
角堇

2
茼蒿菊

3
金盏花

4
蚕豆

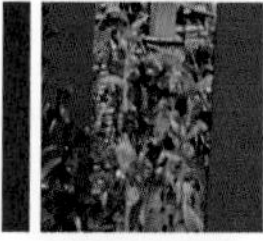
5
大丽花

6
滨菊

7
肺草

8
水杨梅

疏林草地花境

这里的花境模仿的是疏林草地花境。原设计主旨是体现了现在气候变化以及植物流通的变化，由本土植物和外来植物组成。

蝇子草、剪秋罗和蓝亚麻都是英国本土的草地（草原）常见的植物品种，星星点点的粉花和蓝花，散落在绿毯上，可爱清新。

穿插少量对比的红花蓝蓟和黄花赝靛、大戟，成为视觉焦点，但不突兀。

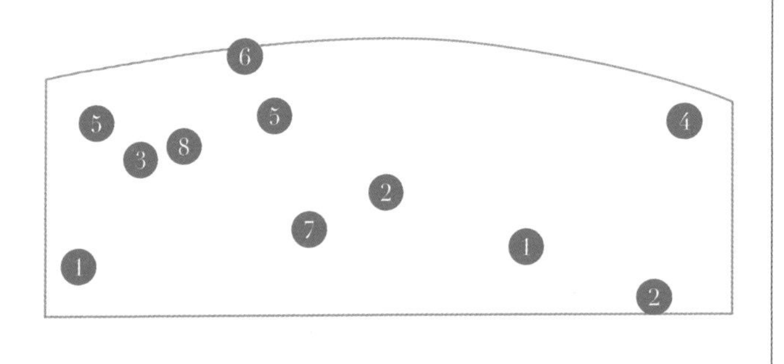

1 剪秋罗

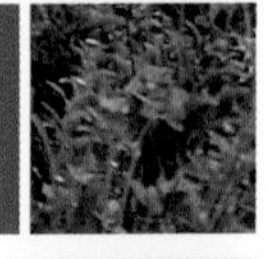

2 蝇子草

3 蓝蓟

4 大戟

5 蓝亚麻

6 欧茴香

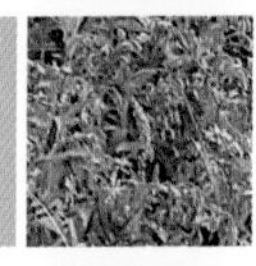

7 琉璃苣

8 黄花赝靛

溪边湿地花境

这个花境模仿的是溪边湿地植物状态，也可以运用在雨水花园中。浅溪边或河底碎石状态，河道中间偶尔的植物竖向高出点缀，溪两侧相对高密度的种植，延伸至周围的园路或花境，过渡自然。

在花园靠近墙体光照不充足的地方，可以按照这个花境来营造。选择湿生植物，或偶尔耐涝的植物。

使用明度高的植物，整体以绿色为主，点缀一些黄色和粉色花的植物，提亮整块区域的景观。远处相对高大的灌木山楂，掩饰了生硬的背景墙，白色花更是这个花境的一个高潮，联系花园的其他部分。

1
雨伞草

2
金莲花

3
小毛茛

4
莎草

5
山楂

6
木贼

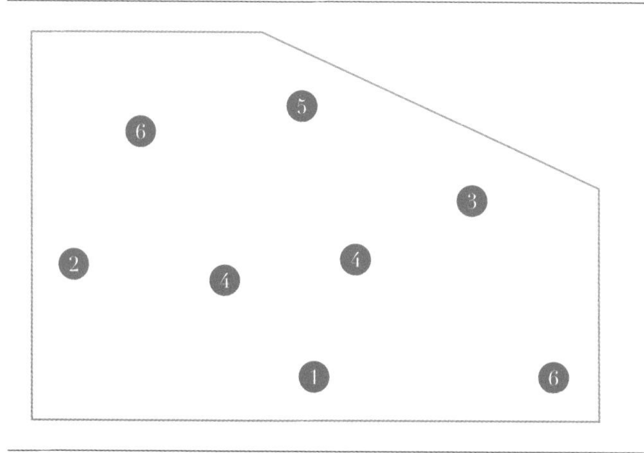

花园休闲花境

此处的花境是硬景的辅助。在整个廊架休闲区周边是种植花池或者种植区，还有水幕墙和流水水景。是处现代设计中又不失自然的处理方式。

花境重点是中间花池的月季池，靠近休闲区的区域能给整个区域带来芳香，不远处就是潺潺流水的声音，让整个休闲区非常舒服。虽然面积不大，但是这样一个静坐或两三人休闲的空间足够了。

照片中前景花池花境，以喜潮湿的植物为主，颜色搭配使用浅绿、白色和蓝色。不鲜艳，不至于抢了整个区域硬景元素的风头。花境给人轻松宁静，和整个区域的氛围设计要求相吻合。

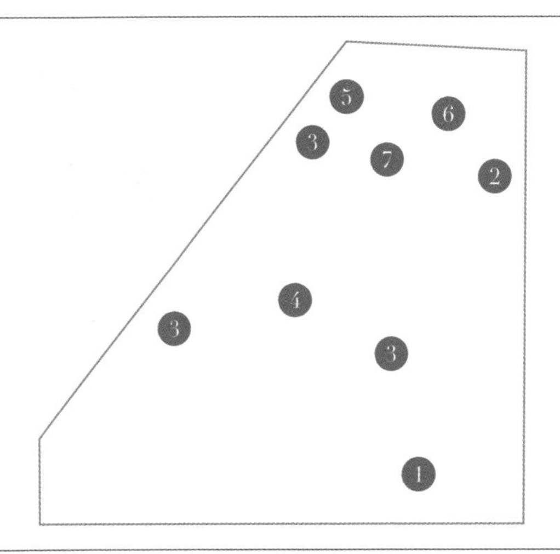

Case 24 暗调花园花境

这个花园的硬景元素设计的色调偏暗，突出一种浓烈的异域风格。所以在花境搭配上，植物的色系选择可以是相同色调、明度更亮的品种，或者是相邻色系高明度的植物品种，才能与整个区域相协调统一。

花境使用了粉白色搭配浅绿色的植物来提亮背景围墙的浑暗感觉，不被背景吞没，花境景观能凸显出来。

中间还使用了一点点暗红色的大星芹，但花境整体明亮，这些暗色的点缀，就如是在高光中加入一些阴影，让花境更为三维，更为生动。

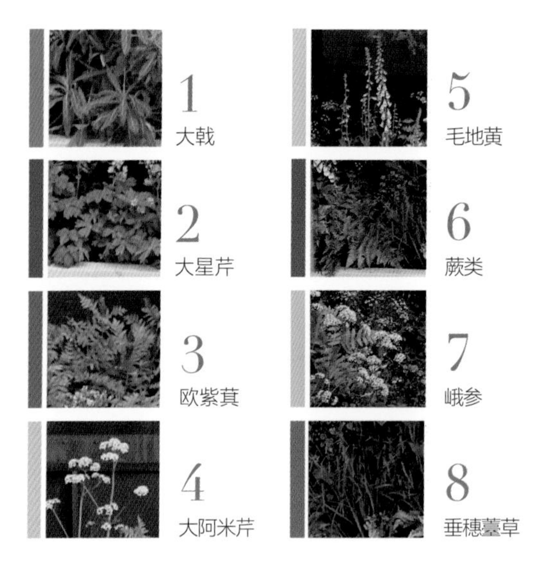

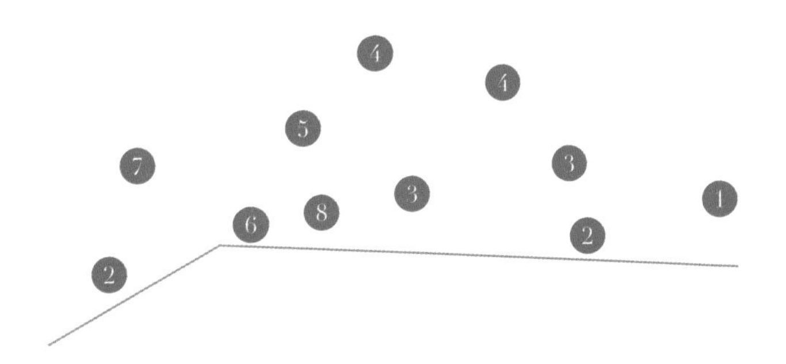
4
4
5
7
3
3
1
8
6
2
2

暗调花园花境

从这个角度看去，花境明显使用了一些浅粉色、橙黄色和黄绿色的植物，从前景的橙黄色鸢尾，到中间的装饰柱子和铺装的米黄色，到最后橙红色的休闲座椅，前后融为一体，呼应并提亮整体景观。

粉色月季的加入，打破了整个花境统一色的格局，为整个休闲区带来一丝活泼且浪漫的氛围。

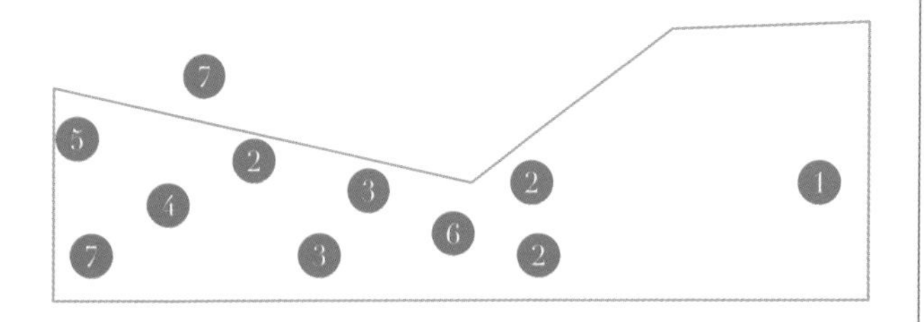

1 圆当归
2 灌木月季
3 薹草
4 鸢尾
5 大阿米芹
6 老鹳草
7 毛蕊花

人工水渠花境

此处花境模拟的是人工水渠经过多年后，两岸原生植物的恢复状态。

水生鸢尾、薹草、野草和小野花，非常自然协调地种植在合适的位置，给人一种亲临当地的既视感。

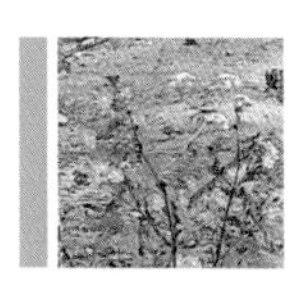

1
蝇子草

2
槖吾

3
黄菖蒲

4
垂穗薹草

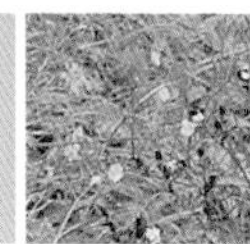

5
小毛茛

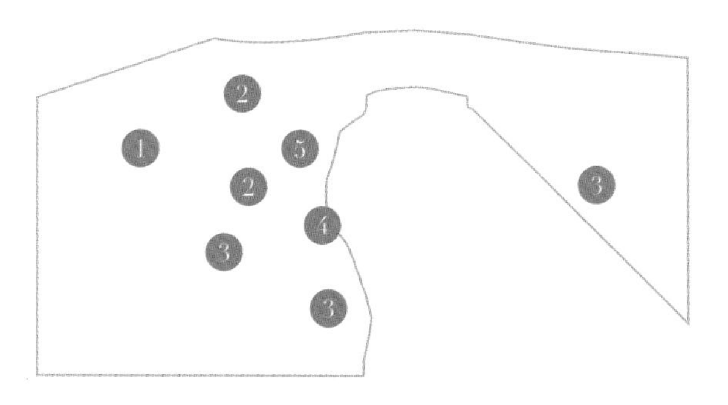

乡村小屋装饰花境

这是管理水渠阀门的岗哨房子边上的花境。让人仿佛觉得这里面居住的是一位喜欢植物的可爱的园丁，在工作之余也不忘打理自己的小小花园。

和前面的植物花境不同，这里的花境看起来就人工痕迹比较重，在高大的背景树篱前，中层的大花飞燕草和圆当归，及地被羽衣草、淫羊藿等，结构整齐，色彩清新自然，与周边的自然环境形成对比，与建筑小屋相融合。

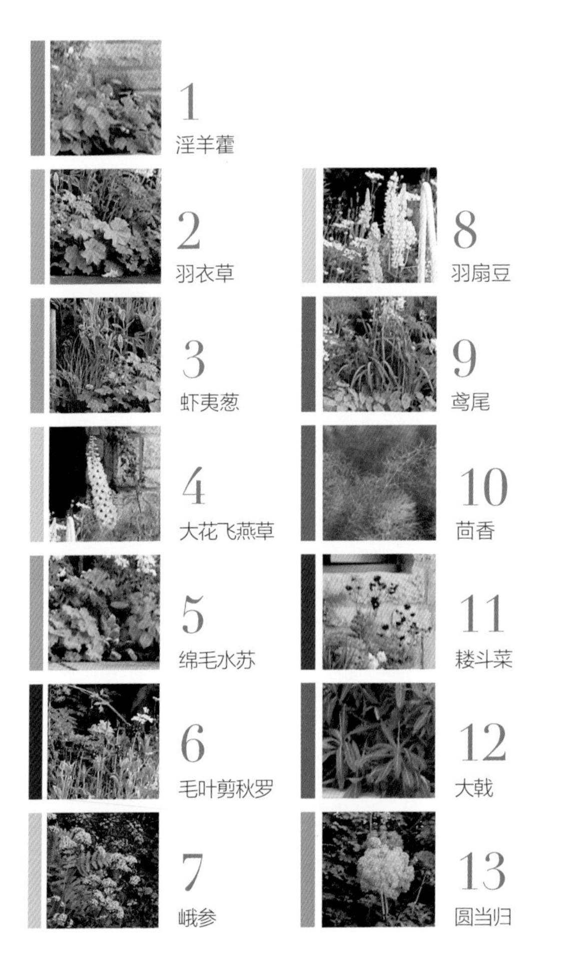

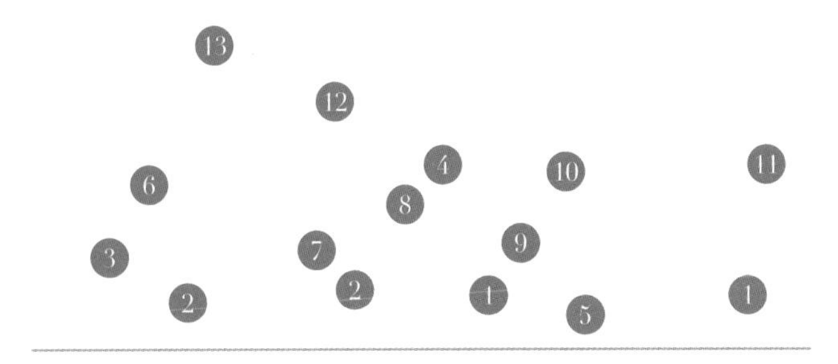

13
12
6
4
10
11
8
3
7
9
2
2
1
5
1

锈色雕塑装饰花境

这里的花境仿佛是在一处工业废弃区里面。景观小品多是锈迹斑斑的钢结构，所以在植物搭配上沿用锈红色的色调，选用明亮的橙黄色和橙红色，和硬景小品相呼应，并凸显出来。偶尔使用明度更高的浅黄绿色，提亮整体花境。

偶尔使用深红色或者锈红色植物，占比不多，花境整体不显阴暗沉闷。

花境围绕景观小品展开，这在花园中也是很常见的运用手法。

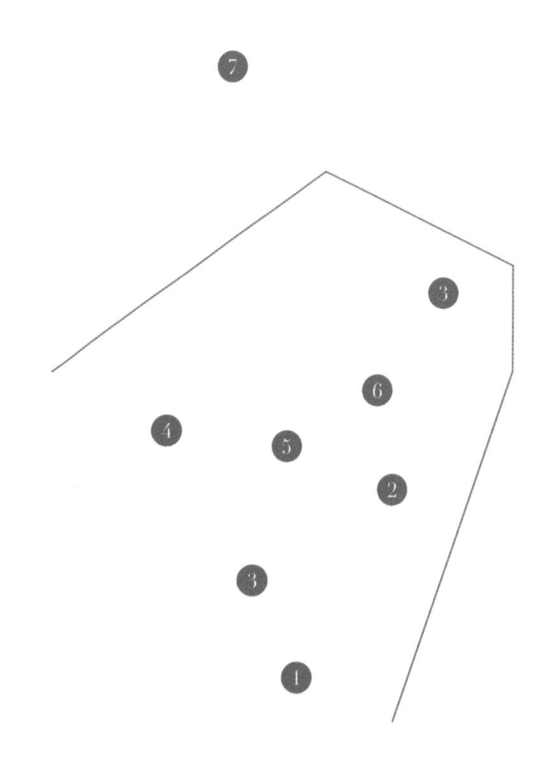

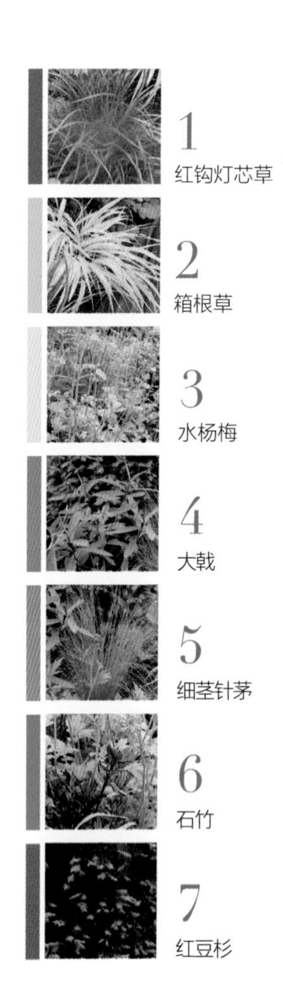

森林园路花境

此处花境的大环境是四周大树环抱，使得这个区域比较隐蔽，光线不足。所以这里种植多是耐阴生植物或者喜阴植物，颜色上加入鲜亮的红色（红花水杨梅和红花报春），就像加入了一点点的热闹的氛围，漫步在花园路径里，也不会觉得无聊。

当然如果喜欢安静的感觉，可以使用浅白色、粉色或者蓝紫色作为配色，加在花境中。再点缀一些橙黄色对比，在宁静中渲染活泼的氛围。

如果你希望在这里增加一些大花型的耐阴植物如八仙花等，也是可以，但是这又是另一种风格了。

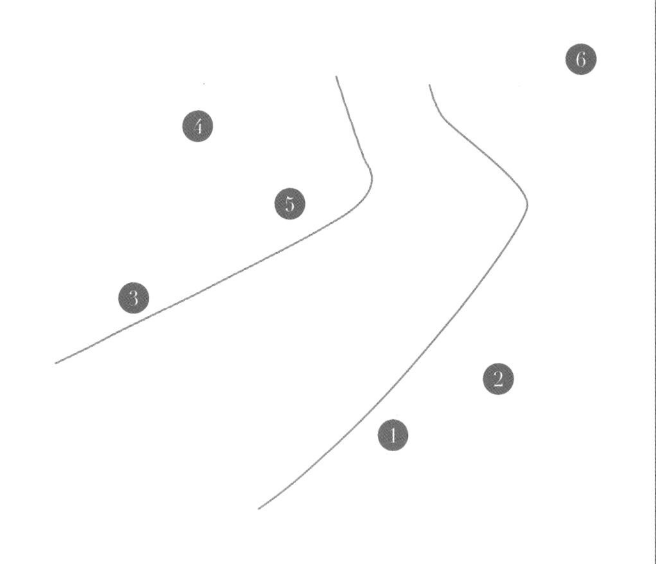

1 富贵草

2 轮花报春

3 淫羊藿

4 水杨梅

5 箱根草

6 小红枫

紫红色系花境

这是一组紫红色花境组合，杜鹃、羽扇豆和毛地黄既是花境的高层背景，又是主色系植物，为花境色调奠定了基础。薰衣草、鼠尾草点植在前侧，白花杜鹃、勿忘我、唐松草作色彩调节。

整体花境太过密实，节奏过于紧促，多种植物混植在其中，有一些杂乱，后排高层植物挡得太过严实，且颜色过于浓重，让人透不过气来。

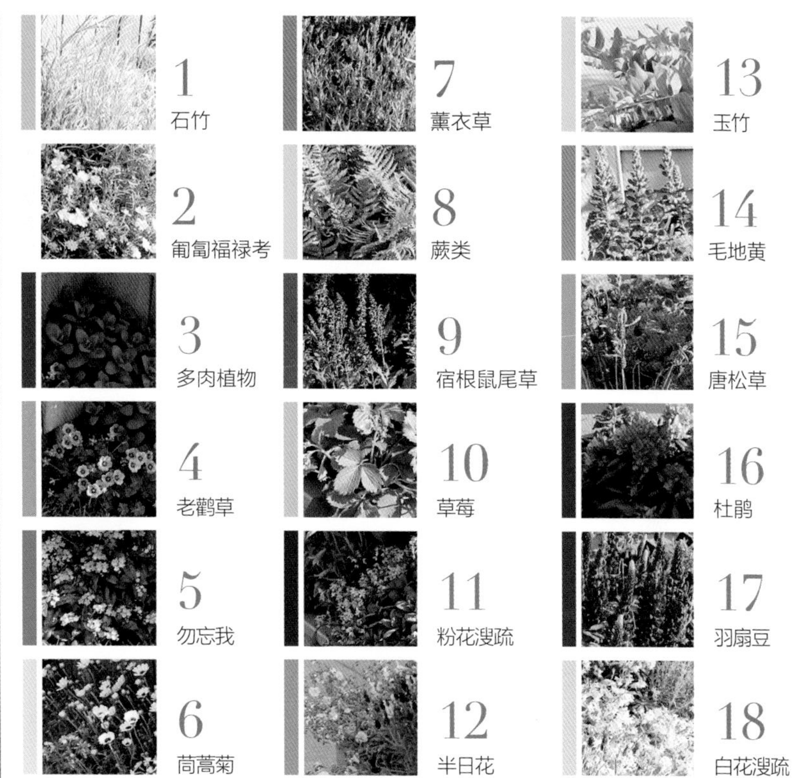
1
石竹
2
匍匐福禄考
3
多肉植物
4
老鹳草
5
勿忘我
6
茼蒿菊
7
薰衣草
8
蕨类
9
宿根鼠尾草
10
草莓
11
粉花溲疏
12
半日花
13
玉竹
14
毛地黄
15
唐松草
16
杜鹃
17
羽扇豆
18
白花溲疏

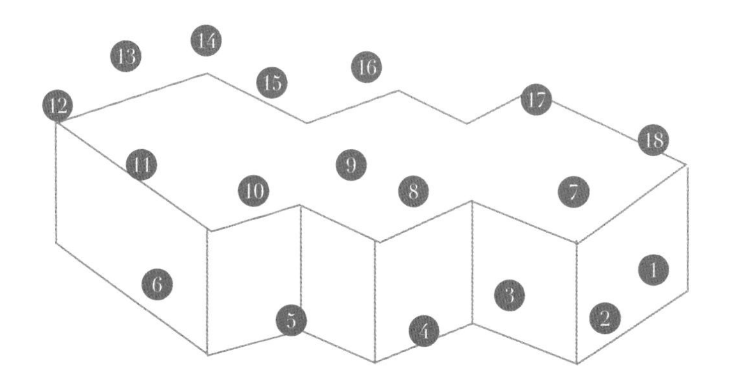
13
14
16
15
12
17
18
11
9
10
8
7
1
6
3
5
4
2

Case 31 企业标识花池组合花境

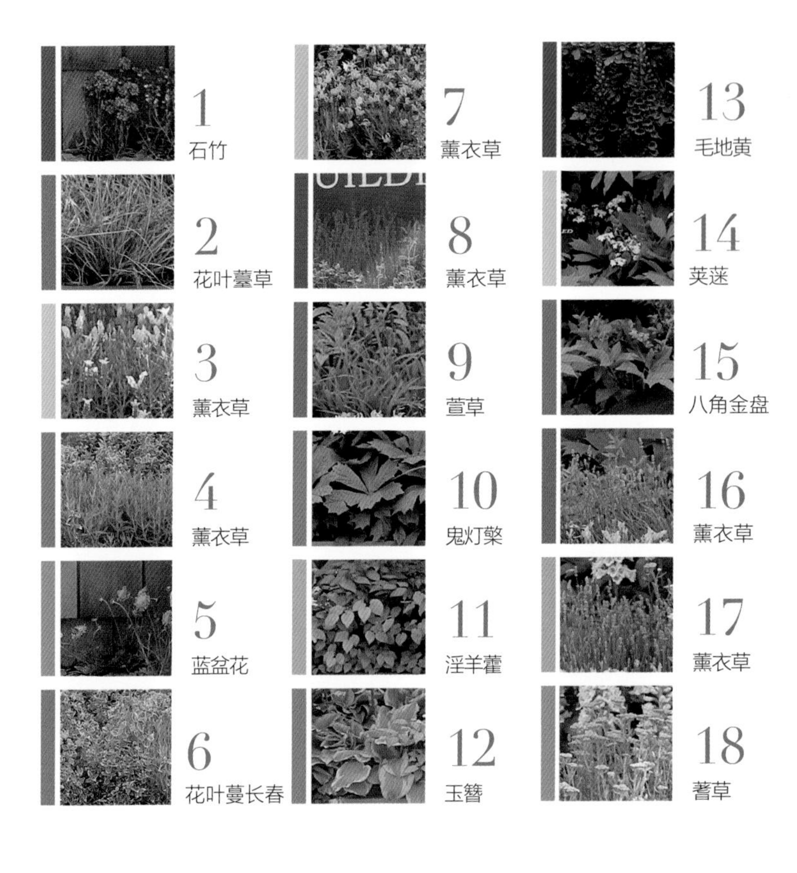

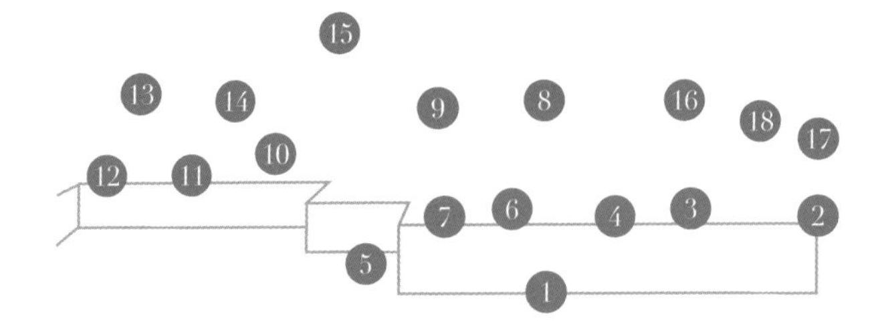

这是一组标识牌花池组合花境。由于标识牌选择的是黑底白字，为了更好地衬托它，花境色彩选择的是浅色系，标识牌前侧搭配低矮的薰衣草，在两端选择高挺的毛地黄来遮挡标识牌边界，让其与植物融合起来。后侧竹子作背景，八角金盘作灌木支撑，然后过渡到低矮的鬼灯檠、淫羊藿、玉簪。可以观察到左侧植物叶片大且规整，与右侧植物叶片形成强烈对比，打破细小叶片的繁琐，让花境变得规整。花境有零有整，富有层次和变化。

跳跃花色花境

这是一组花色花境，运用了多种白花植物，如毛地黄、蝇子草、白花溲疏、点地梅、玉竹。大花葱穿插在其中，与白色植物相衬，让花境色彩活跃起来，其圆球状的花序与毛地黄形成强烈对比，给人一种反差萌。

左侧的玉簪与右侧的植物组合在叶形上也形成了反差对比，但实际运用中玉簪、蕨类植物和这些宿根植物习性不同，无法在一起种植，可由别的植物来替换。

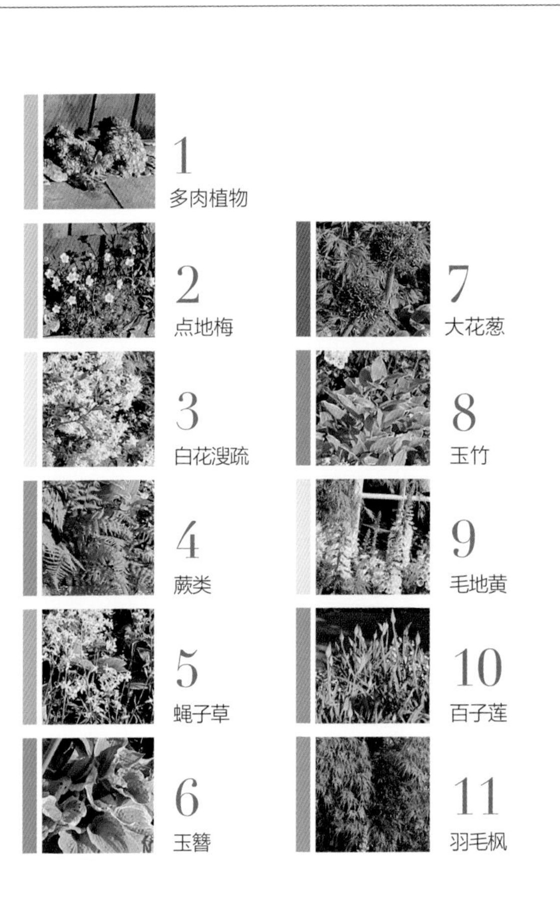

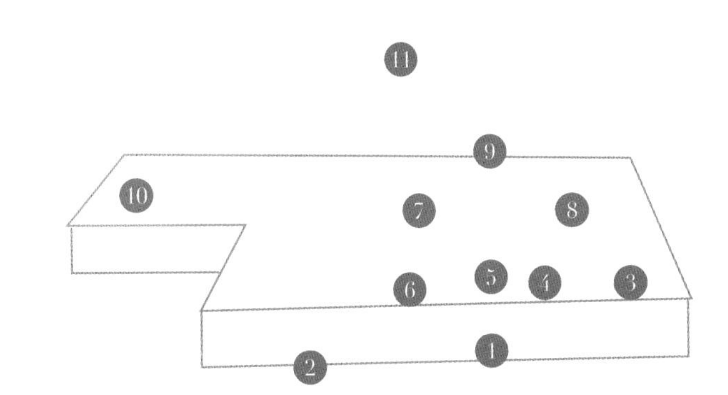
11
9
10
7
8
6
5
4
3
1
2

Case 33 墙垣装饰花境

剑麻的加入让花园增加了几分地域特色，花境中种植了多种花叶植物，让花境的颜色变得富有层次。粉花溲疏的枝条垂坠下来，搭在花池边缘，柔化花池线条，让两者融合起来。

花境中加入了竹子，与中式的竹子不同的是，设计师将竹子作为观叶植物来搭配，突显竹子的叶形，忽略我们传统意义上对竹子的定义，所以它便从主角变成了配角，成为其他植物的陪衬。这样的搭配方式比较新奇，对竹子也是需要长期修剪控制，打破了传统的搭配方式。

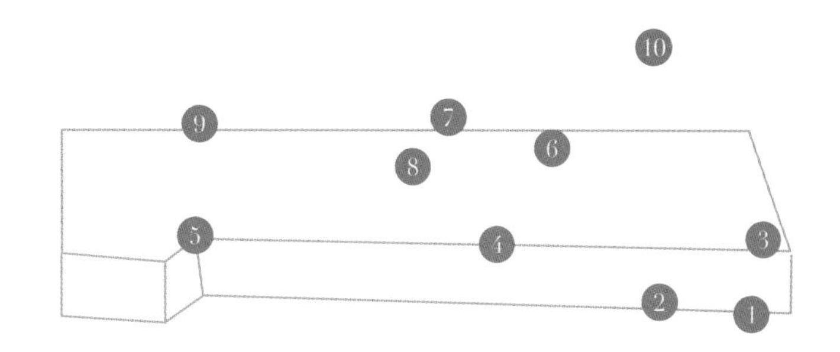
10
9
7
6
8
5
4
3
2
1

1
多肉植物
6
竹子
2
花叶蕺菜
7
花叶猕猴桃
3
矾根
8
澳洲剑麻
4
粉花溲疏
9
剑麻
5
矾根
10
桦树

乡村住宅美化花境

蜜色墙石作背景，藤本月季有序地牵引在墙面上，虽未到开花季节，但能想象花开的时候一定是特别绚丽。一排花境种植在建筑墙角处，让这栋石头房子浪漫了起来。观赏罂粟的红色是这组花境的焦点色，提亮整体的色调。这是一组春季花境，开花植物均在春季开放。

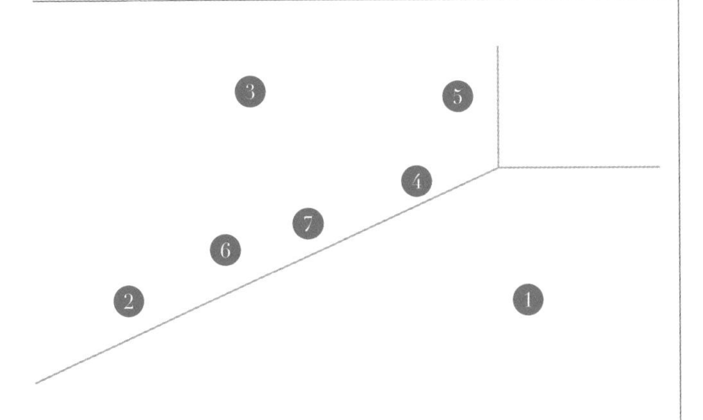

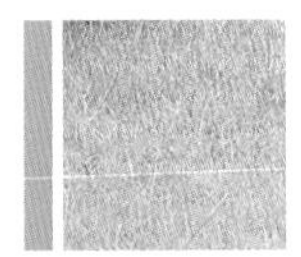
1
草坪

2
芍药

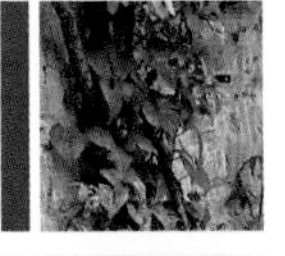
3
藤本月季

4
观赏罂粟

5
木香

6
耧斗菜

7
虞美人

35 乡村住宅香草花境

香草植物薰衣草、迷迭香在花境中是比较好的结构植物，它们耐修剪，能修剪成团状，可以作骨架植物来运用。芳香扑鼻，又能用作餐饮料理，所以是家庭花园中比较欢迎的植物，且又耐旱，能在岩石花园中栽植。

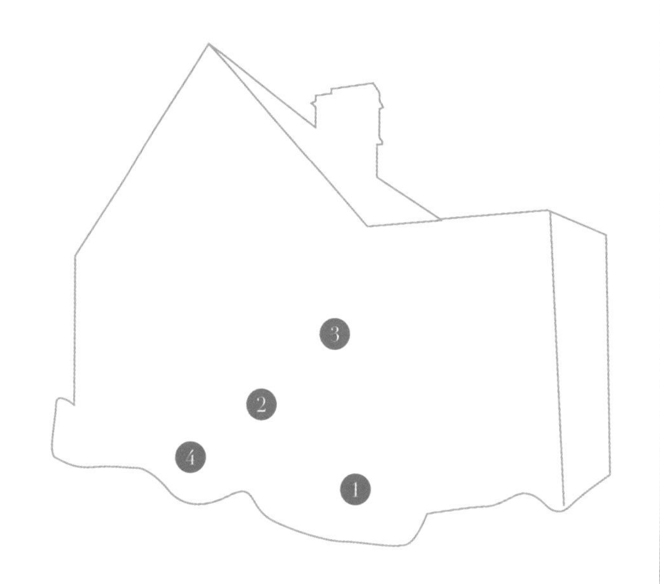

1 薰衣草

2 迷迭香

3 藤本月季

4 容器组合

1821

乡村住宅装饰花境

粉色藤本月季攀爬在蜜色墙石上，与之相融合。粉色与蜜色互相映衬，棒棒糖柏球起到了骨架的作用，规整两侧的植物结构。浅黄色的小花与建筑墙体色相呼应，从室内的窗户能看到点点碎花，又不会遮挡室内的视线，还能柔化建筑的墙体，是一个比较好的搭配。

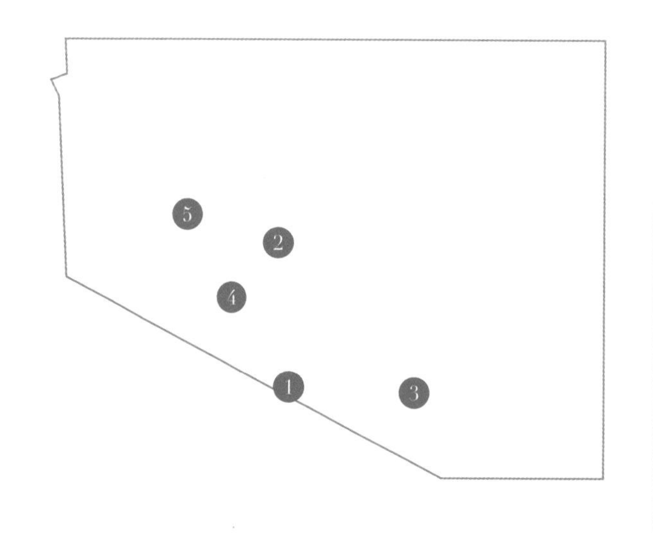

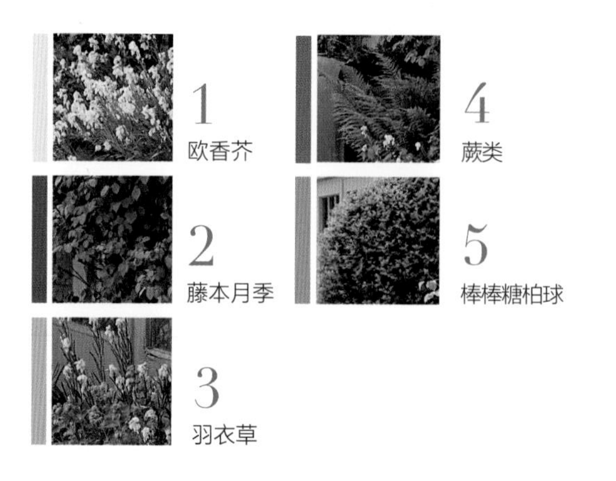

Case 37 阴生岩石花境

这是一组阴生花境。花境位于大树下，大石块作支撑，植物与岩石互生，极好地体现了自然界中的场景。蕨类植物在石缝中生长，橐吾圆润的叶片与蕨类羽状的叶片形成反差，叶片色彩上也有层次的变化。老鹳草、耧斗菜的加入让花境更加灵动。

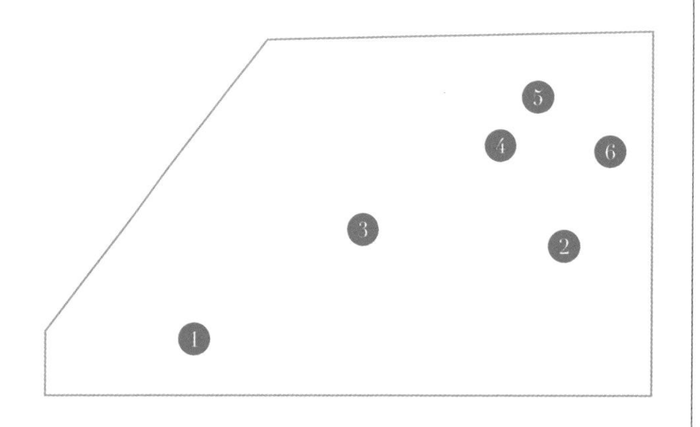

1 蕨类

2 石菖蒲

3 欧洲细辛

4 老鹳草

5 耧斗菜

6 水甘草

蓝紫色梦幻花境

这是一组蓝紫色系花境，多种紫色植物和观赏草混合，形成自然混搭风花境，这也是时下国外流行的花境形式，可以粗旷打理，多季开花。这类花境需要选择耐旱、皮实的植物品种，减少日常的打理量，且还要阳光充足，足够的阳光能让植物直挺，颜色纯正。

不过国内北方地区没法实现这样的花境场景，这些植物生长速度不同，很难一起开花，南方有可能实现。

RHS
CHELSEA
FLOWER
SHOW
M&G

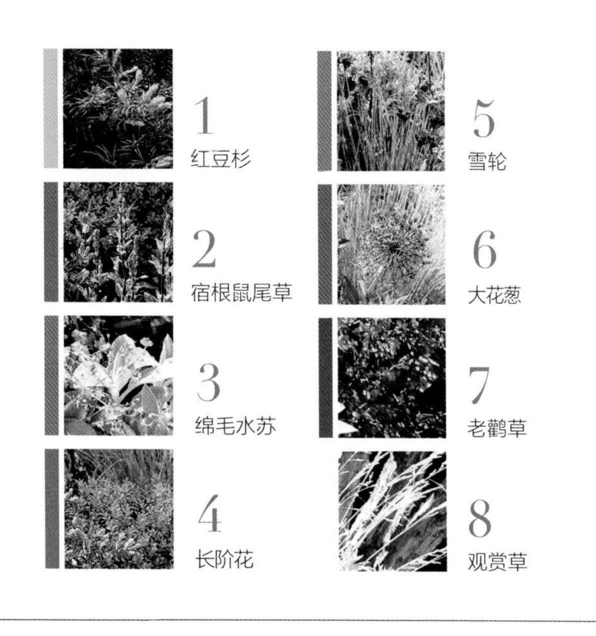
1
红豆杉
2
宿根鼠尾草
3
绵毛水苏
4
长阶花
5
雪轮
6
大花葱
7
老鹳草
8
观赏草

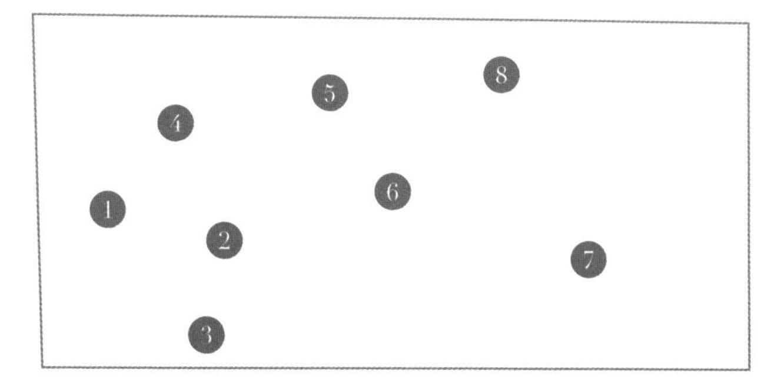
8
5
4
6
1
2
7
3

Case 39 RHS 品牌装饰花境

蝇子草组成的螺旋花瀑随着石渠蜿蜒而上，串叶忍冬带来竖向上的装扮，不经意冒出来的毛地黄给人带来一种自然感。紫花与白墙相映，淳朴的乡村气息扑面而来。

1 蝇子草

3 高雪轮

2 毛地黄

4 串叶忍冬

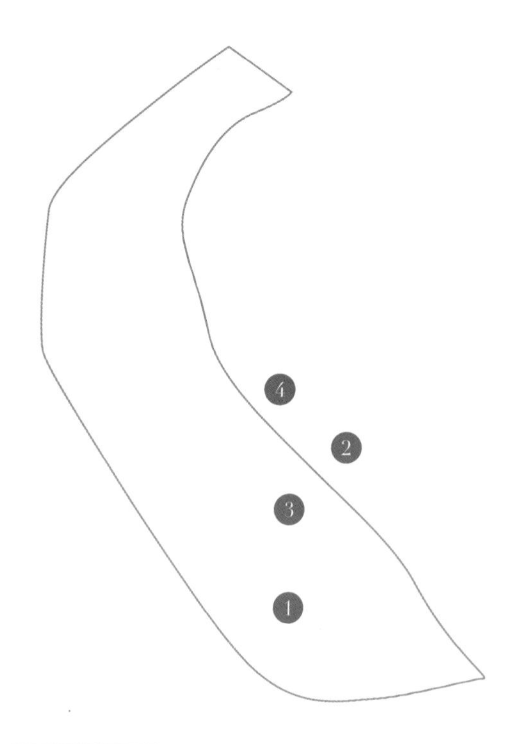

Case 40 花池岩石花境

这是一组花池花境，自然石块砌成的花池透露出点点野趣，搭配点点碎花，传达出浓郁的自然感。前方草坪打底，靠近花池区域的底部种植了黄色、红色相间的植物，来模糊花池边界，花池上方以白色为主色调，其中间或点缀粉色、浅黄色、红色，成团成簇，白色植物体量大于其他几种植物，这样就不会觉得颜色纷杂，五彩缤纷，白色是百搭色和空白色，与这些颜色都能相融。植物多为蔓生植物，枝条垂坠下来与底部的植物相连。花池被包裹于植物之中，若隐若现石墙立面，柔化了石墙给人带来的坚硬感，这区域因为花境而变得美妙非凡。

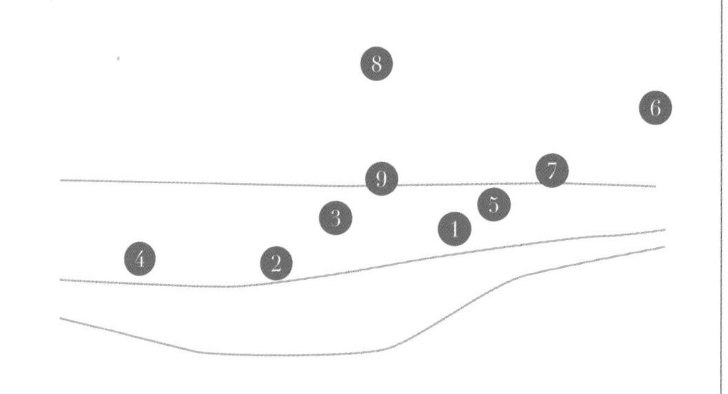

1 勿忘我

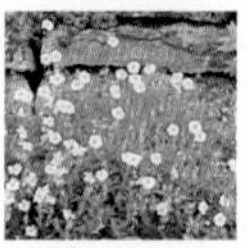
2 半日花

3 绒毛卷耳

4 半日花

5 距药草

6 鸢尾

7 茼蒿菊

8 欧丁香

9 老鹳草

Case 41 几何花坛花境

雀舌黄杨绿篱围合形成模纹花坛，长年累月地修剪让绿篱变得茂密整齐，也框定了花境的种植区域，遮挡花境底部露土的不好视觉影响，尤其是喜欢月季的园主，绿篱和月季是绝佳搭配，绿篱能避免月季下方不美的困扰，还能形成结构骨架支撑月季的生长。欧香芥片植在绿篱分隔内的区域，颜色与建筑墙体和铺装相呼应。

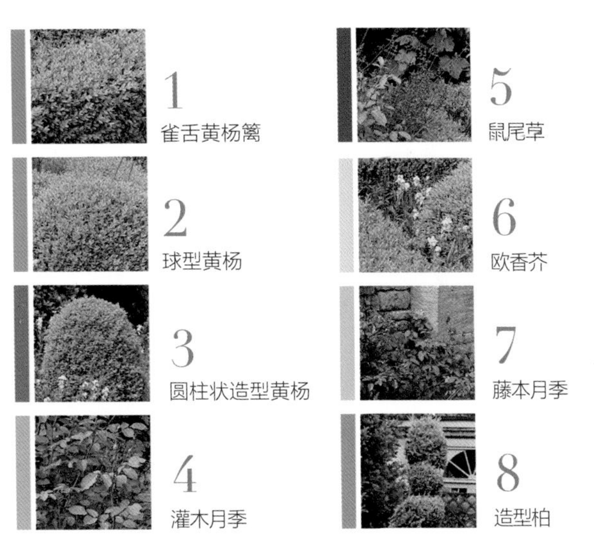

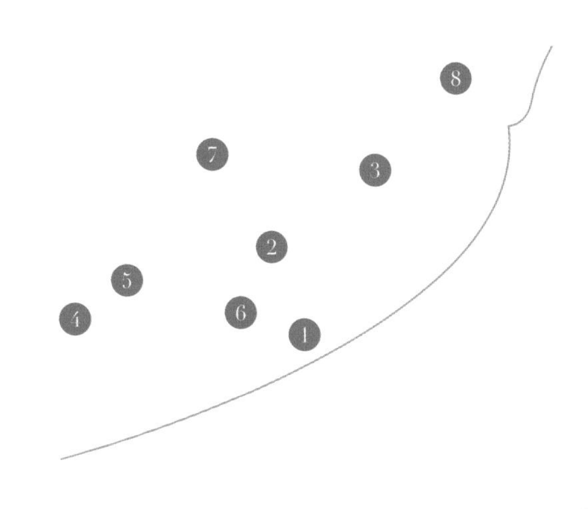

Case 42

林下草坪花境

这是一处林下花境，位于草坪的边缘，花境的搭配需要综合考虑大乔木与草坪的过渡，不能过渡得太过于生硬。设计师选择了一棵丛生月季种植在左侧与大树挨着的区域，高度与大树的分枝点相近，冠幅舒展。而后两棵金叶植物——绣线菊和金叶莸？，一棵挨着灌木月季种植，一棵远离，形体一大一小，使得三者形成稳定三角，修成圆形的八宝景天分布在金叶莸两侧，如此便是这组花境的结构骨架。之后宿根植物种植在空挡区域，由花叶肺草、球根植物和报春镶边打底，芍药作中层，飞燕草作高层，整体形成虚实对比，富有层次的花境组合。

整体从视觉上感觉过渡舒适，结构体明确，花卉植物依靠结构植物生长，能避免倒伏，也会让整体看起来简洁整齐。

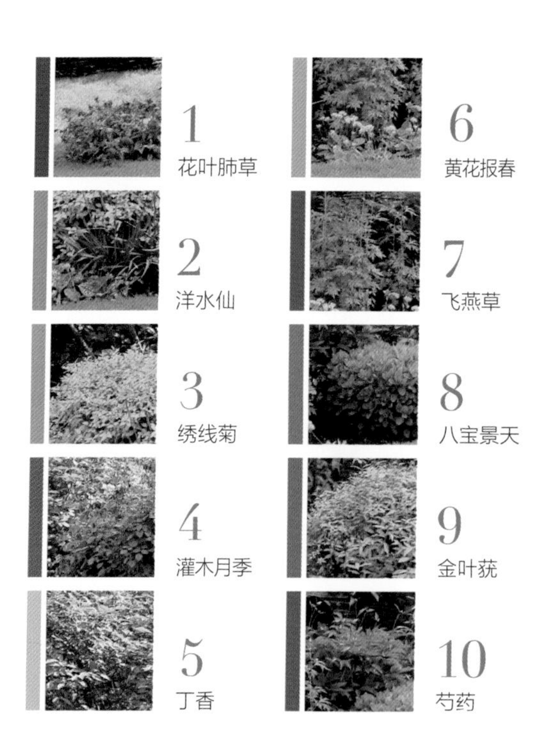

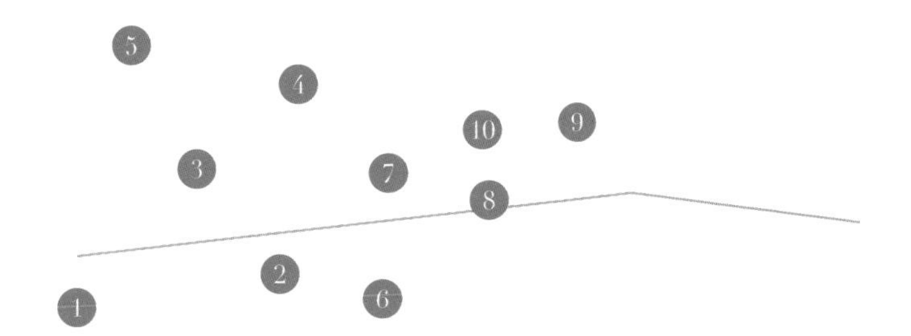
5
4
10
9
3
7
8
2
6
1

Case 43 岩石园花境

这是一个岩石园花境，花境种植在台地上，中间台阶工人行走，两侧便是观赏花境。红枫种植在高处台地，枝条舒展开来与建筑交相辉映，飘逸的红叶在画面中格外醒目，阳光洒下，光影斑驳。台地下方配置了多种花灌木，其体量宏大，占据在转角之处，是画面中的结构主体，也是中层视觉焦点，让人在向上行进中能有景可观，从视觉上拉短台阶的长度 ，缓解攀登的疲劳感，放慢上行的脚步。

下层与石阶交界处，设计师选择了低矮，富有野趣的植物，花朵相对细小，花量相对稀疏，这样就和花灌木有了一个虚实对比，让画面重点有致，又富有细节感。

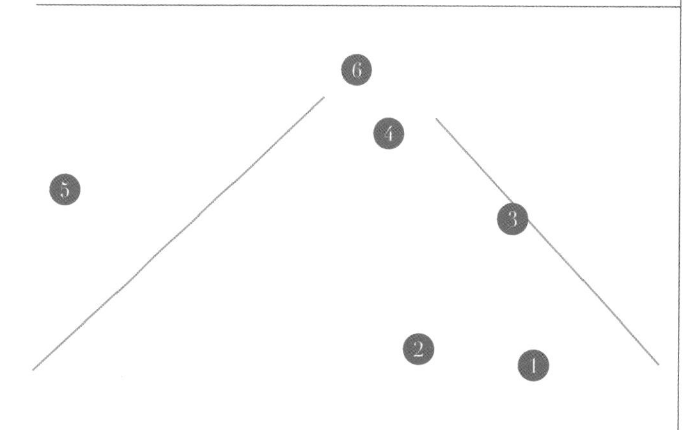

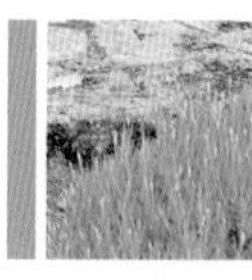
1
迷迭香

2
羽衣草

3
小叶丁香

4
牡丹

5
木槿

6
水生鸢尾

混种长花境

这个花境可以说是英国常见的典型混种长花境。花境以大树为背景或者常绿绿篱或树篱为边界，种植大型以宿根花卉为主的观赏花境。现在我们看到的改善版本是，加入了一些丛状灌木或常绿松柏等作为骨架，并运用了一些球根植物和一二年生植物，增强花境在一年四季的观赏价值。

这处花境色彩选择很有趣，花境整体的颜色从左到右的变化，虽然现在很多花卉没有开，但是我们还是可以看得出颜色的选择。蓝白，过渡到红色，最后是粉白，如阅读文章一样，平缓的开篇，逐渐进入热烈的高潮后淡淡消隐而去，符合观赏者游览习惯。

在我们的花园中能有这样大面积的空间来营造长花境的机会很少，但是从长花境中我们可以借鉴学习的点是：同一植物的重复利用出现，这样可以让花境有一个连续性，如同韵律一般。

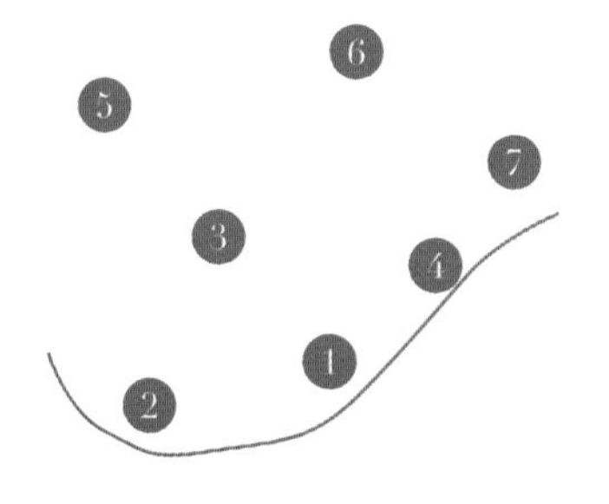

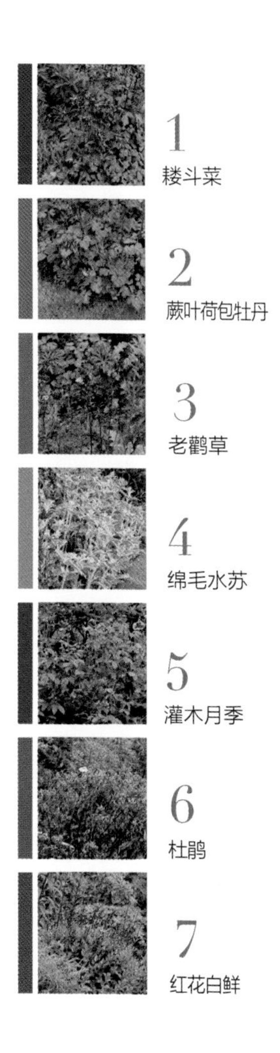

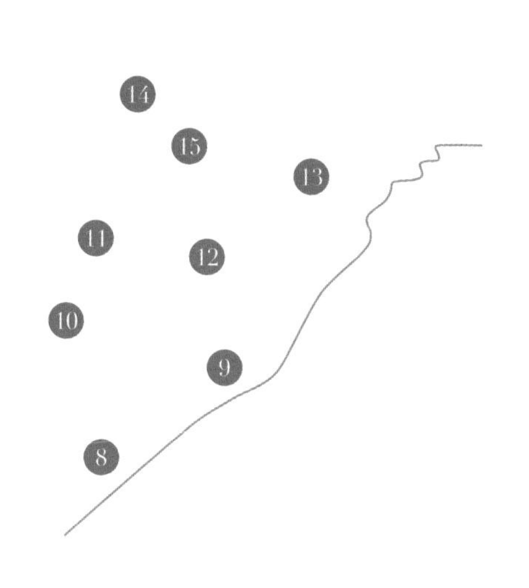
14
15
13
11
12
10
9
8

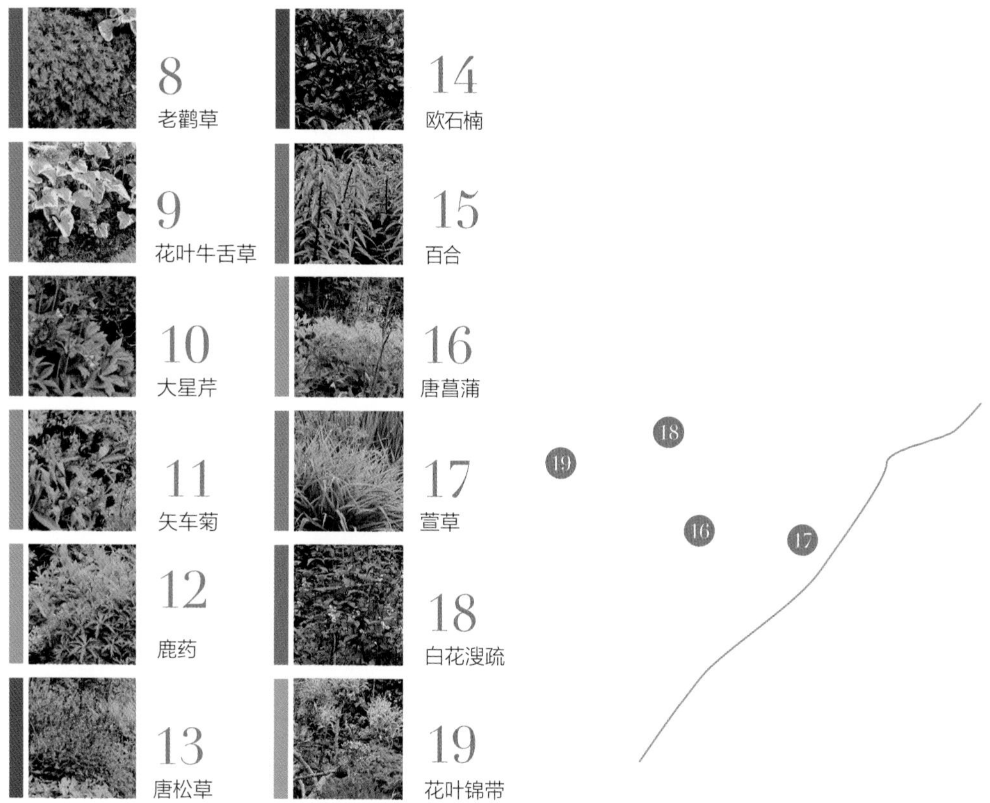
8
老鹳草
9
花叶牛舌草
10
大星芹
11
矢车菊
12
鹿药
13
唐松草
14
欧石楠
15
百合
16
唐菖蒲
17
萱草
18
白花溲疏
19
花叶锦带
18
19
16
17

建筑墙体装饰花境

这组花境的作用是装饰建筑墙体，柔化建筑棱角。有时在花园中有一些构筑物，可能是建筑本身，设计师希望用植物花境去遮掩这些构筑物给人或者整体景观带来的突兀感，这就是这些花境出现的原因。当然还有可能是基于绿色生态的角度考量的。

这些花境的处理手法可以有很多种，这里采用的比较自由随性的方式。因为靠近建筑墙体，所以需要依据客观条件——光照和土壤，选择植物。同样来说，朝北和朝东的墙体光照相对弱，而朝南和西的墙体光照强，同等条件下，前者比后者潮湿。但对于花园其他区域会相对干燥。所以植物的选择多为可耐旱的植物，庭菖蒲、分药花、大戟、蓍草等。

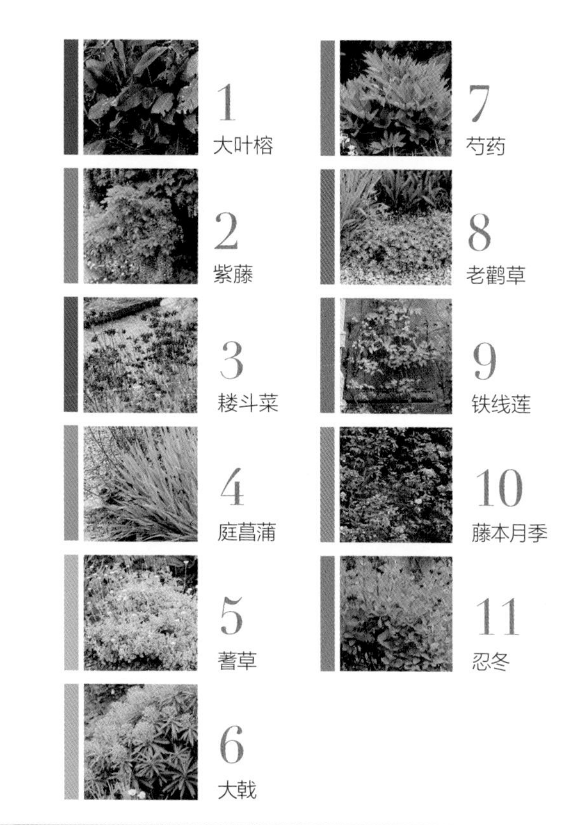
1
大叶榕
2
紫藤
3
耧斗菜
4
庭菖蒲
5
蓍草
6
大戟
7
芍药
8
老鹳草
9
铁线莲
10
藤本月季
11
忍冬

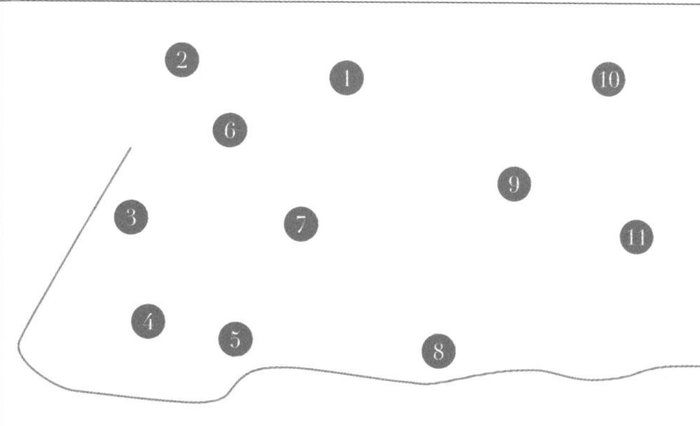
2
1
10
6
9
3
7
11
4
5
8

这组花境沿着建筑外墙，如同一幅正要打开的长花境画卷。所以种植原则和长花境相同，区别在于花境的背景是利用各种藤本植物（紫藤、藤本月季）攀爬建筑墙体，或者造型牵枝的植物（大叶榕、茶藨）。颜色选择也有连续性，每一个单独的区域有颜色互补和对比，各个区域之间有相同色系应用，如黄绿色和蓝色。

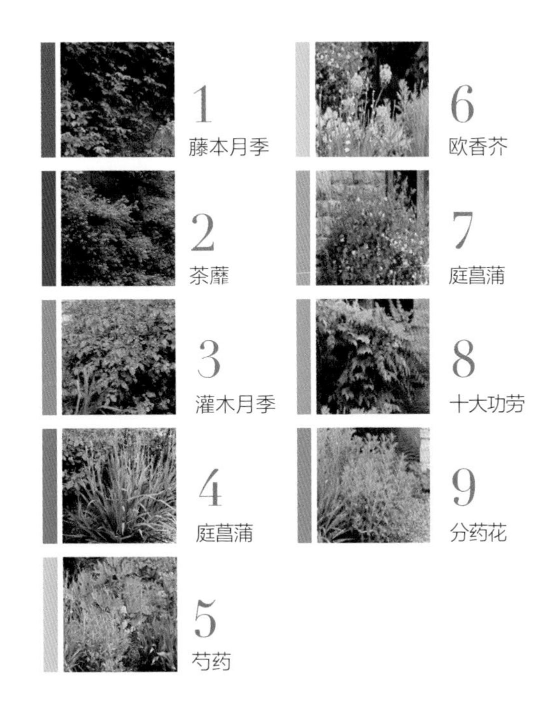
1
藤本月季
2
荼蘼
3
灌木月季
4
庭菖蒲
5
芍药
6
欧香芥
7
庭菖蒲
8
十大功劳
9
分药花

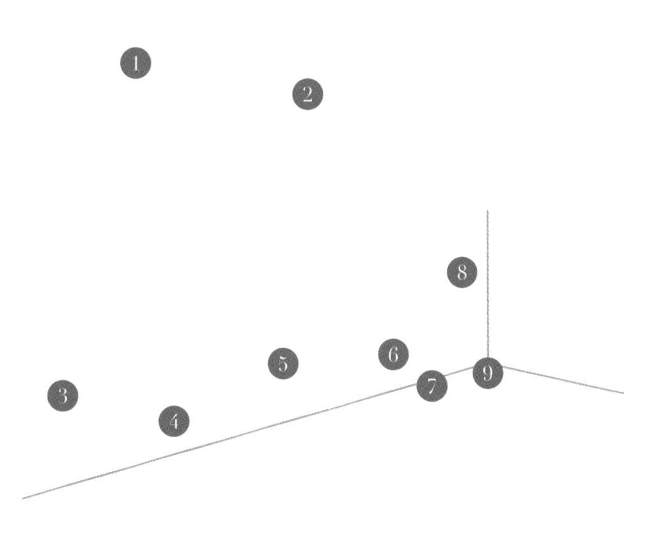
1
2
8
5
6
3
7
9
4

Case 46 林下阴生花境

这是一个林荫花境，大树和大树之间会有斑驳的光照。所以花境选择在合适的位置种植的了牡丹和花叶锦带，在大树正下面的空间种植了耐阴的拳参、日本杜鹃和蓝铃花。

沿用林荫花境颜色的应用原则，采用明亮颜色的植物。目的在于在光照度不足的空间，利用植物的颜色“点亮”此处空间，避免阴暗的感觉。

这个植物组合搭配可以在花园中的光照相对少的空间，特别适合中午和下午有遮荫的区域。其中极品蓼在国内几乎没有，可以选用荷包牡丹或落新妇一类植物。其他植物在国内都能找到相近的品种。

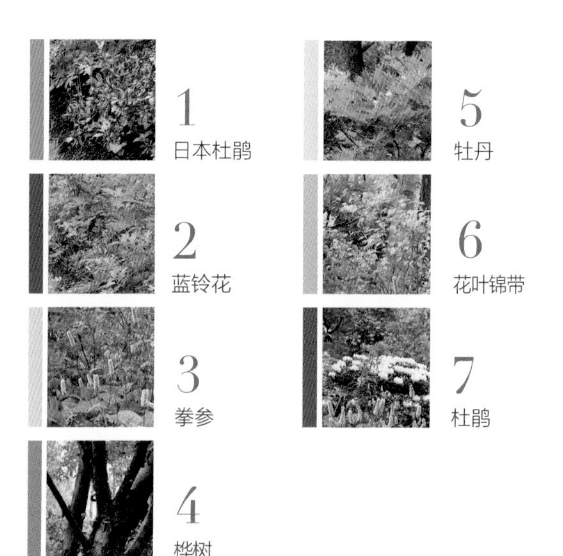

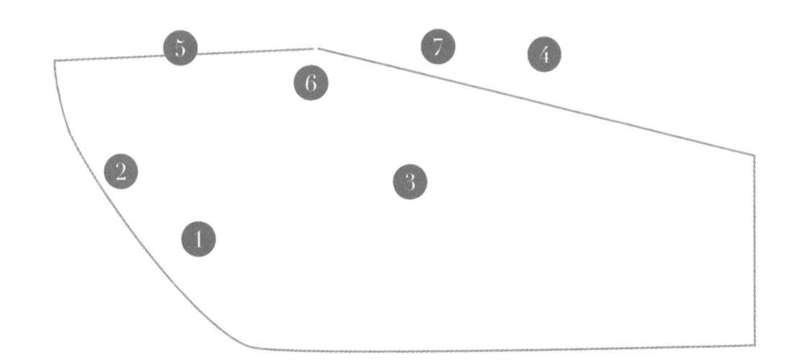

5
7
4
6
2
3
1

公园长花境

这组花境也属于长花境例子。花境左右两侧的背景有所不同，一侧是稍高的红豆杉篱，另一侧是高度稍矮的木质格栅围栏，这样的不对称，也体现在花境植物种植上。

右侧花境体现为使用了更多的灌木状植物，紫叶风箱果、灌木月季等；而左侧对此类植物使用相对少，只是在靠近乔木或花境进出口端使用一些稍微体型大的植物，烘托花境入口或者大树景观。

在长花境中，结构植物是不可缺少的，这些结构植物不仅仅指的是灌木，也可以是直立性非常好的宿根花卉，如这组花境中的观赏草、唐菖蒲和大黄。这里我们看到很多郁金香的应用，花境中加入春花球根植物非常好，除了能在早春看到花开，到了夏天时它们会退居二线，进入枯败休眠，把生长空间留给夏花和秋花宿根。

花境色彩非常统一，以暗红色为主角，不断重复出现，使用不同植物的暗红色品种，给人整体感非常强烈。

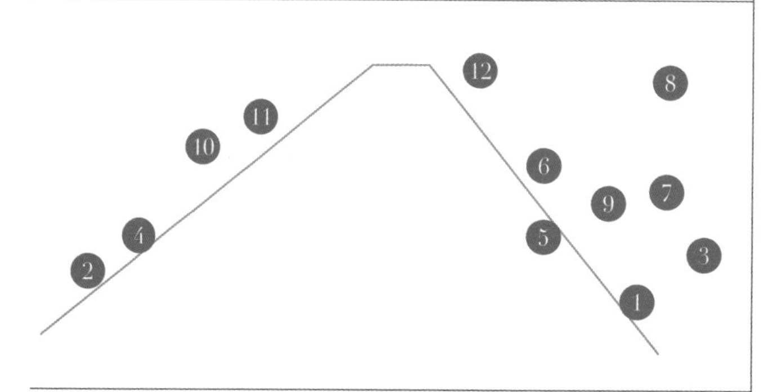

1
匍匐筋骨草

2
郁金香

3
萱草

4
八宝景天

5
鼠尾草

6
澳洲剑麻

7
唐菖蒲

8
紫叶风箱果

9
观赏草

10
大黄

11
羽叶接骨木

12
灌木月季

Case 48 溪边沼泽花境

这是一处沼泽花境，位置应为光照不足的区域。耐阴和喜水植物在这里生长得郁郁葱葱，几乎覆盖掉了原来人造溪流的岸边，只留溪水缓缓流过，从远处也是只能听见流水声而不见源头在何方，尽显和谐自然。

可以借鉴到我们花园中的一个点是大叶植物的运用。如果我们同样希望在花园中能通过植物营造一个自然生态的水系或者池塘时，大叶子植物占比要高一些，既能很快地覆盖人工边界，又可以得到很相对整齐的植物花境，一举两得。

既然是要营造这种自然的感觉，应尽量避免鲜艳浓烈的颜色，偶尔的一点“红”倒是可以的，如果多了反而弄巧成拙。以不同层次的绿色为主，通过叶形的变化来丰富花境。

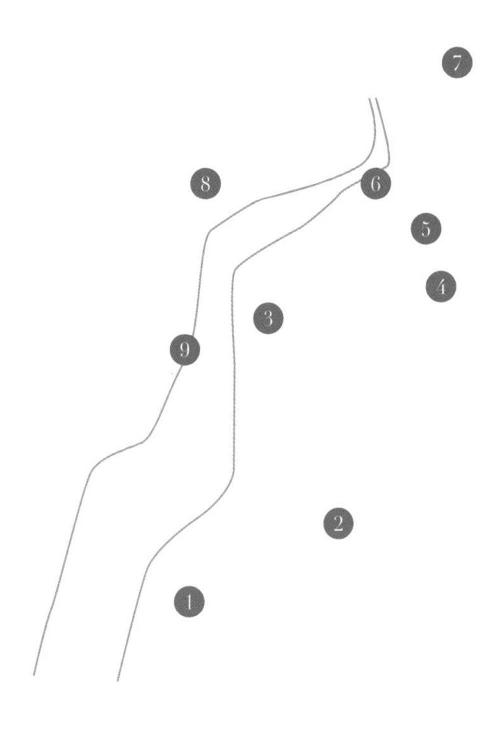

1 落新妇

2 水生鸢尾

3 灯台报春

4 鬼灯檠

5 大父玉簪

6 欧紫萁

7 牡丹

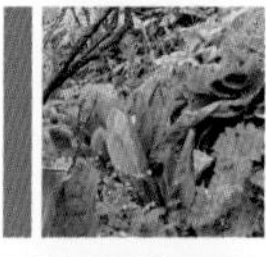
8 芋

9 聚合草

蔬果园路装饰花境

场景位于蔬果园，除去蔬果种植区外，会存在一些通行或者灰色空间，而这组花境就是这样空间的应用。

蔬果园的通行园路两侧，跨过高高牵引造型苹果树和梨树，便是蔬果“生产地”，但是仍然是花园的一部分。所以在造型树篱下方混种花菱草、三色堇小花葱，起到调节色彩的作用，琉璃苣、绵毛水苏、聚合草还未到花期，就充当绿色背景了。

劳作休息时静坐在远处的长凳上，看着两侧的花境，即使身体劳累，也能在视觉上得到满足。

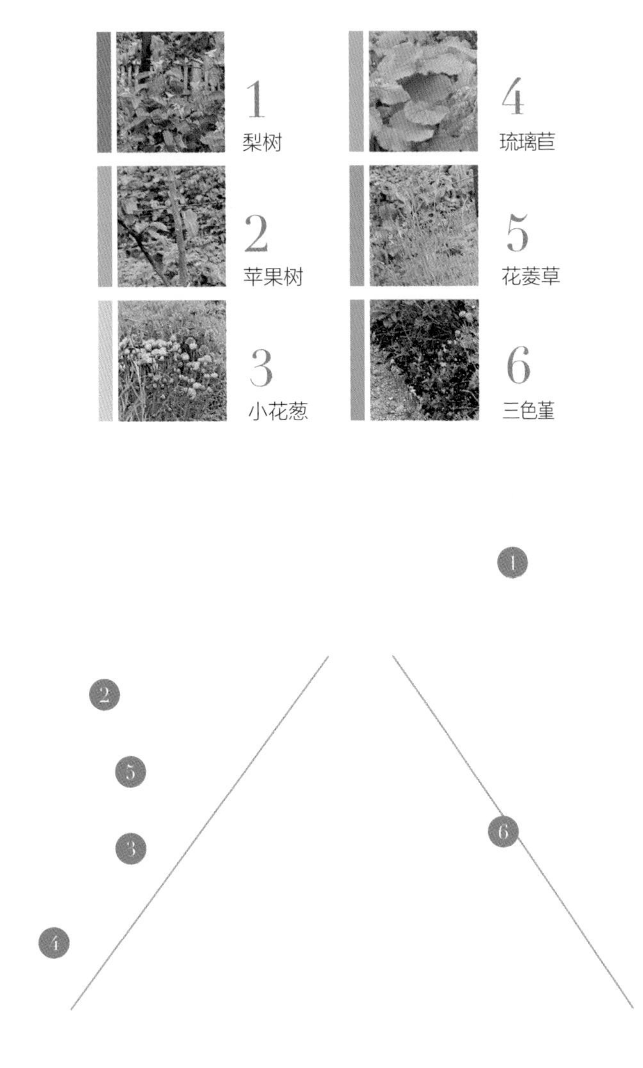

Case 50 英式大花园长花境

这是一组长花境，在英式大花园中比较常见，多较狭窄，两侧有高的植物背景作衬托，前侧种植宽度适宜的花境。长花境竖向层次多有3层以上，单种植物成团出现，依次排布。同种植物可重复出现，也可贯穿始终，花境植物四季交替，相互映衬。

花境后方是修剪成形的红豆杉阵，等距等高排布，犹如士兵一般，作坚强后盾。前侧花境是春季的效果，此时花境是以蓝紫色系为主色调，大花葱贯穿于花境始终，紫色植物穿插种植，奠定了主色调。花境中还能看到开黄色花的日光兰、橙花糙苏，重复出现在花境中，提亮花境色调，与紫色混合在一起，犹如一幅油画，色彩若隐若现，相互叠加。

大叶子植物在花境中也是必不可少的，如蜀葵、飞燕草是花境中的结构骨架，适当地栽植能放缓花境节奏，起到化零为整的作用。

不得不说勿忘我是花境中极好的留白植物，如果觉得花境过于臃肿，就可以考虑加入勿忘我，其叶片生长贴近根部，花小繁多，体量可大可小，散布在花境就犹如黑夜中的星空，能起到调味剂的作用，也是虚实对比的拿手利器。

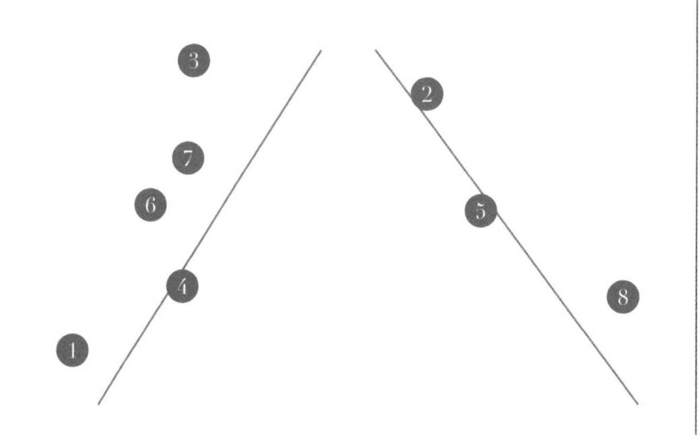

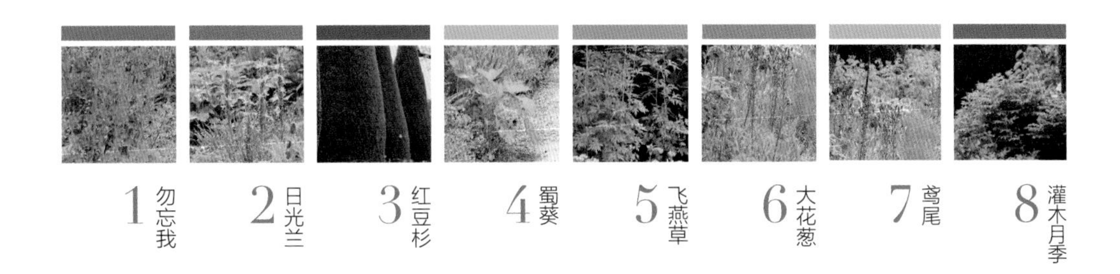
1 勿忘我
2 日光兰
3 红豆杉
4 蜀葵
5 飞燕草
6 大花葱
7 鸢尾
8 灌木月季

花境小品

Huajing
XiaoPin

•

花境的应用方式非常广泛，大型的花境一般用于大的园林景观。除此之外，我们也可以在很多生活场合用小型的花境来装饰，比如装饰墙垣、雕塑、景石、水池，甚至花园椅、阳光房等园林家居。这些小花境赋予我们的生活勃勃生机。

景石装饰小花境

一组自然石组的展示，为了突显自然石组的高大，花境选择了低矮的品种，玉簪良好的植株姿态，在花境中起到了结构作用，压住岩石的底座。其间搭配矾根和羽衣草，丰富色彩。中间采用观赏草过渡，有种自然的风貌。

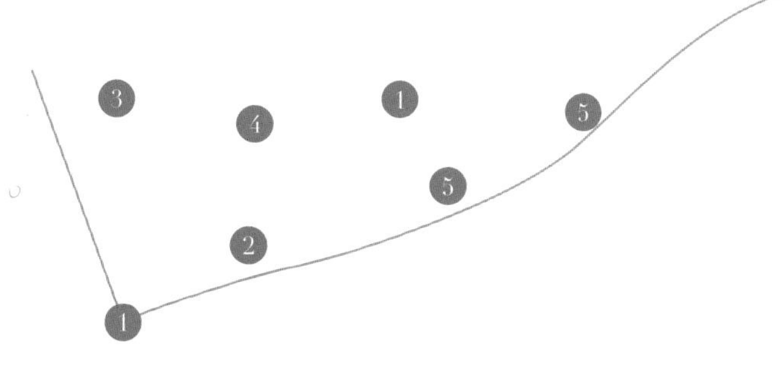

1
矾根

2
羽衣草

3
大花葱

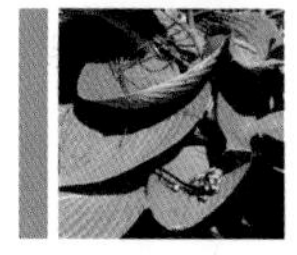

4
玉簪

5
蕨类

锈色雕塑花境

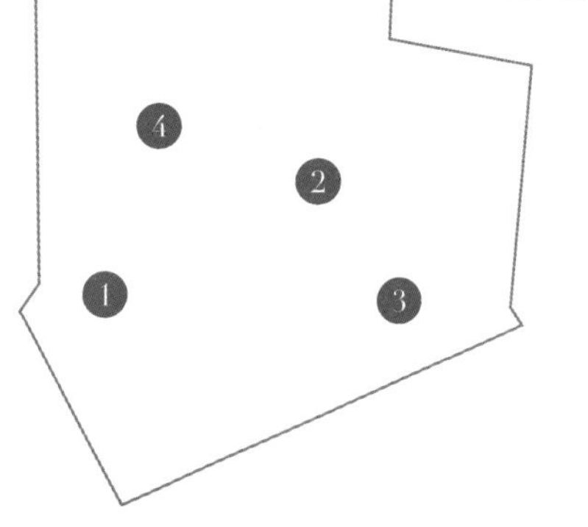

小品由锈钢板制成，雕刻了自然场景。为了顺应锈钢板的锈色，花境搭配组合的主色调也是以橙红色系来展开的。橙色的水杨梅在这里面尤为耀眼。观赏草的加入增加了几分野趣，与锈钢板的粗糙感相吻合。下层的矾根作为骨架及填充植物来撑起上层的观赏草和水杨梅。

实际生活中的种植观赏草与矾根无法混种，两者习性不同，这里的矾根可由旱生植物来替换。

1 水杨梅

3 观赏草

2 落新妇

4 芍药

£1200

景石、枯木桩花境

这是一组微景观营造，以枯树桩为主景，简单的植物搭配，营造出林下的自然风貌。植物的选择都是恰到好处，一团一簇分布在枯树桩周围，呈现出来的效果很是宁静、自然。值得我们去学习和借鉴。

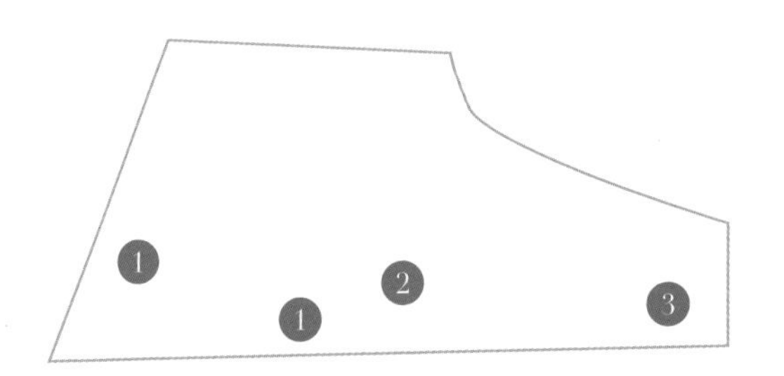

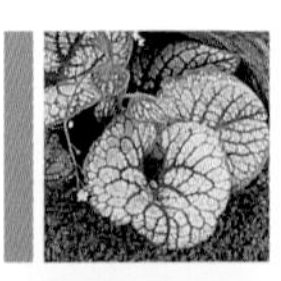

1
心叶牛舌草

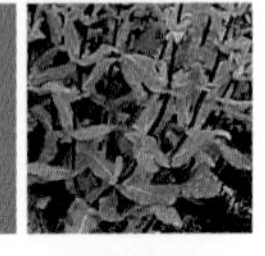

2
宿根鼠尾草

3
老鹳草

Sculptures

花池组合花境

这是一组花池组合花境，花境主色调与花池相配，以白色调来作为主色调。矾根打底，搭配波斯菊、山桃草及观赏草。矾根的叶形比较特别且规整，上层植物又都是叶形小，花朵大的植物，这样上层空间就会显得疏散，不是很紧致，给人的感觉也是放松，摇曳感。因此第一感觉花境很唯美、纯净，没有太多杂念，符合慢节奏的氛围。

1 黄水枝

2 宿根鼠尾草

3 花葱

4 观赏草

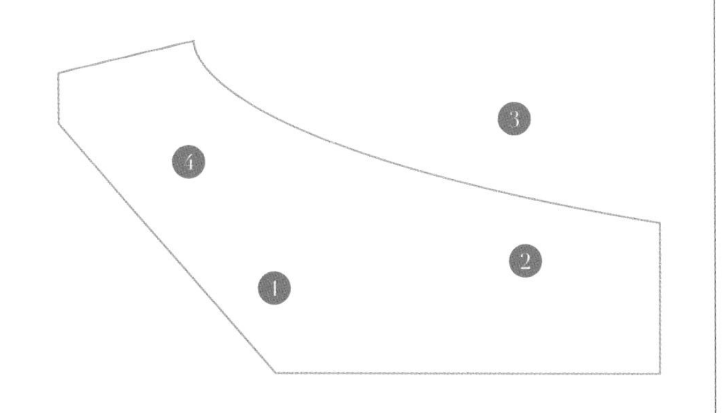

花池组合花境

依然是白色花池打底，这组花池花境颜色就丰富一些，L形花池两边分别用小丽花和老鹳草做主景植物，转角过渡白色系植物，与两者相连，不突兀，很自然。高处种植毛地黄，四 株等间距种植有一种规则感和仪式感，与前侧的自然搭配有一种强烈的对比。整体这组花境清新、动人，富有小资风味。

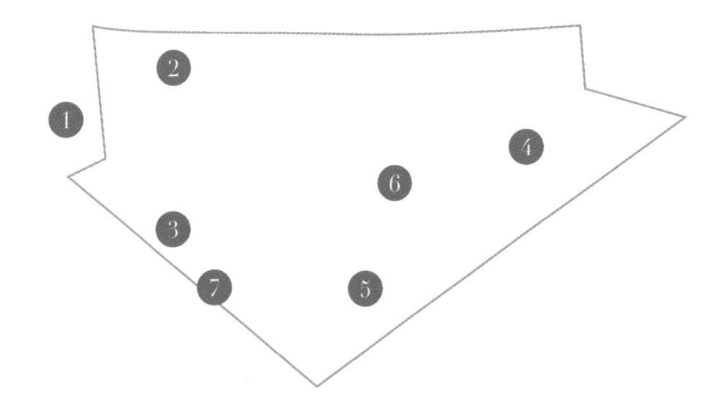

1 耧斗菜

2 毛地黄

3 小丽花

4 老鹳草

5 茼蒿菊

6 山桃草

7 蛾蝶花

Please Do Not Sit Here
Please Do Not Sit Here

水景雕塑装饰花境

花境中央小品是个水景雕塑，由金属支撑管与多种姿态的鱼来展现，整体雕塑呈现现代风格，色调为冷色调，偏蓝色系。与之相配的花境也顺延这个风格和色系来展开。绿色主基调中鼠尾草的蓝紫色抓人眼球，局部转角焦点处点缀白色花的玉竹和毛地黄，两者与众不同的花序形态，又带来了新的视觉点。多种观赏草混合种植，给人带来自然感。前侧两个转角处是重点区域，设计师混合了多种粉色、白色的植物，增加花境色彩层次和自然感，但又不会喧宾夺主。

如果细看的又能发现观赏草也是色彩调节剂。蓝灰色的蓝羊茅、黄绿色的箱根草、墨绿色的莎灯草都在花境中起到了不同的色彩作用，让花境整体看起来更加丰富、立体。

不过这样的搭配方式不适合于日常搭配，玉竹、箱根草喜阴，蓝羊茅喜旱，这些植物的习性各异，所以混在一起难以养护。

1 观赏蓼

2 鸢尾

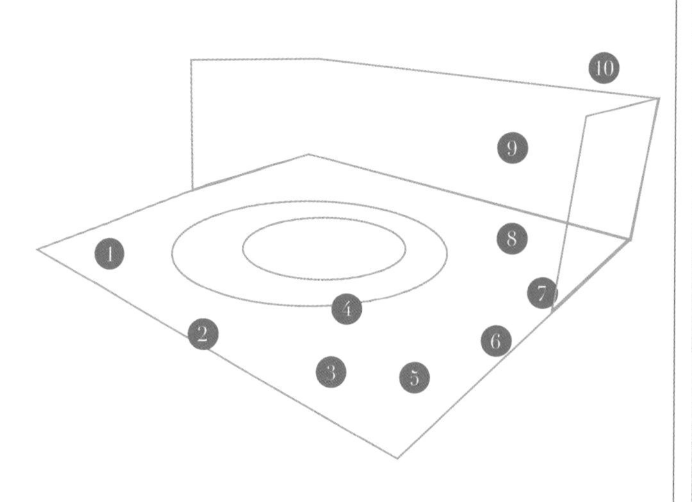

3 茼蒿菊

4 小花葱

5 宿根鼠尾草

6 蓝羊茅

7 箱根草

8 玉竹

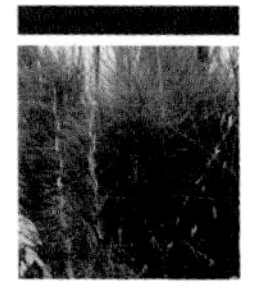
9 莎灯草

10 毛地黄

户外花园休闲花境

整体是悠闲、舒适的环境氛围，花境的搭配也会灵活多变一些。狭长型的种植区内，由大叶植物石楠球和菜蓟做结构骨架，让花境整齐、硬朗起来。色彩上花境整体是蓝紫色系，紫色系虾夷葱、鼠尾草多组团分布在花境中层，在中部区域点缀宝石蓝花色的肺草作提亮。期间穿插白色花的白穗地杨梅，其花量零星、松散，能起到过渡的作用，放缓花境的节奏。上层植物选择多以白色系为主，如芍药、欧亚香花芥、毛地黄，素雅的白色能更好地承托主色调，不抢夺焦点。

细品头尾两处的处理，也是细节颇多。头部石楠球前侧种植了两种植物，蕨类植物和水杨梅混合种植在了一起，蕨叶配上水杨梅的点点红色，是比较出彩的处理手法。尾部阿米芹的雾状叶子与欧紫

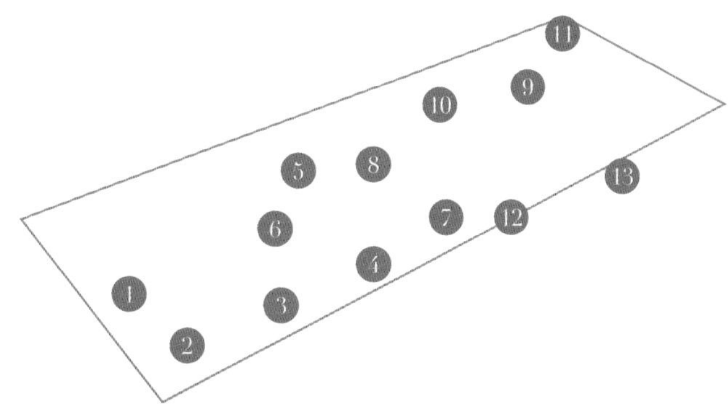

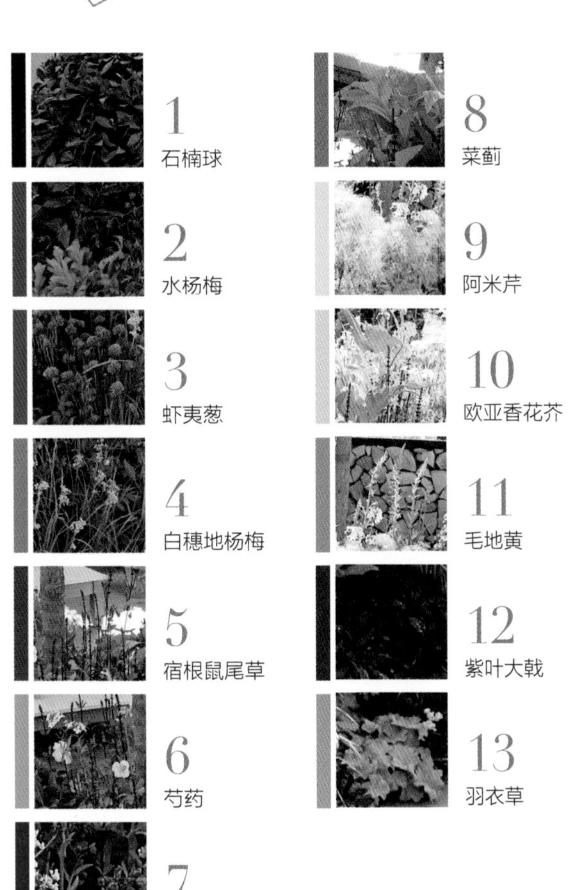

萁的蕨叶混合在一起，叶色呈黄绿，让花境中的绿色有了层次的对比，与欧亚香花芥和毛地黄搭配更有自然之感。下层的羽衣草等让尾部的处理变得更加细腻。

此花境中运用的植物比较高级，大部分在国内都无法购买，正常栽种也很难再现图中花开的场景。但我们可以学习设计师处理细节的手法，和结构的搭建。

风水球装饰花境

这是一组以风水球为主体景观的组合花境。为了更好地契合风水球带来的金属感。花境色调以银色、白色为主基调。花境中运用了银色叶的？和朝雾草来作主体植物，其间点缀大花葱来增加色彩和律动。唐松草、常春藤、羽衣草等增加下层植物的丰富度。

整体主题明确，又不乏细腻之处，整洁大气。

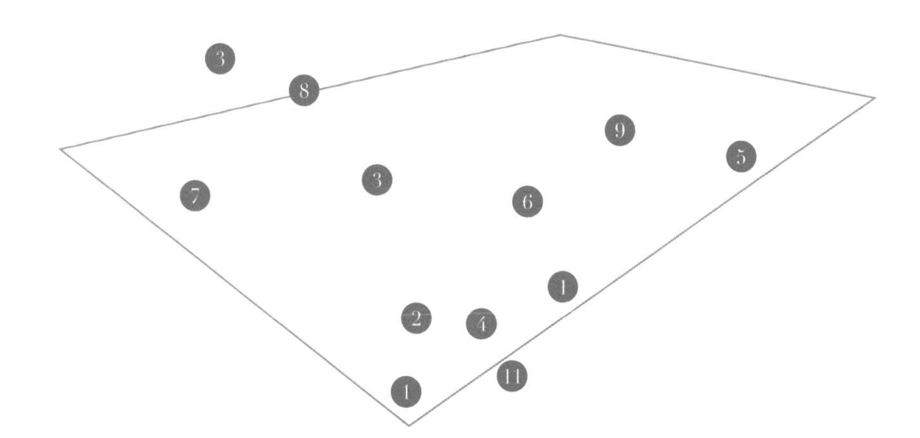

1
朝雾草

2
蓟

3
蓟

4
耧斗菜

5
羽衣草

6
大花葱

7
玉竹

8
鸢尾

9
蓟

10
络石藤

溪边水池花境

这是一组水生植物及阴生植物组合花境。植物的分布效仿自然生境，岩石缝中生长着蕨类植物，线性植物金叶石菖蒲、唐菖蒲和大叶子植物金边玉簪丰富花境层次。前侧的轮峰菊增加了色彩的丰富度，让整体绿色系中有了一些色彩的跳动。

线性植物是做水生花境的法宝，只需少量组团就能让整个水系活跃起来，但切记要把握度，法宝用得过多就适得其反。

1
屈曲花

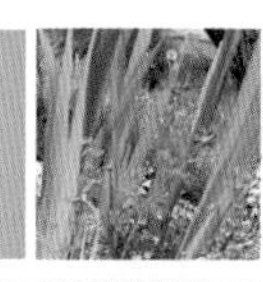
5
花菖蒲

2
金边玉簪

6
匍匐胫骨草

3
鬼蕨

7
金叶石菖蒲

4
竹芋

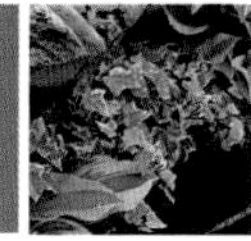
8
花叶常春藤

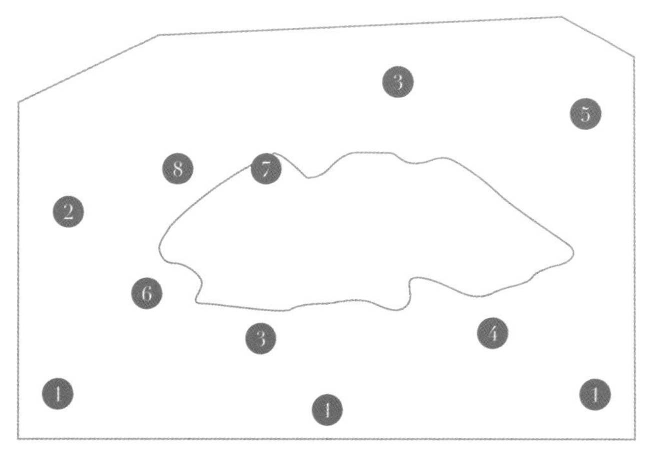

Case 10 岩石花境

这是一组岩石花境。花境中运用了多种观赏草和耐旱植物。首先大花利式鸢尾居中种植，从高度上占领花境的视觉焦点，其叶形和株形与观赏草相似，能贴合主题。

花境整体色彩呈橙红色系。紫叶相草、棕叶薹草、橘叶薹草、德国鸢尾、矾根‘红石榴果汁’、矾根‘饴糖’的组合，很好地呈现了橙红色系这一主题。矾根的团状姿态和线性观赏草起到了对比作用，让视觉上有一个反差感。最后绿叶矾根穿插其间，过渡整体色系。

日常搭配中矾根和观赏草两者的习性不同，难以一起混种，观赏草需要种植在阳光好的区域，矾根喜欢半阴的状态，有点矛盾和冲突。但这组花境的搭配还是值得我们学习的，不管是岩石主题还是橙红色系都是绝佳的范本。

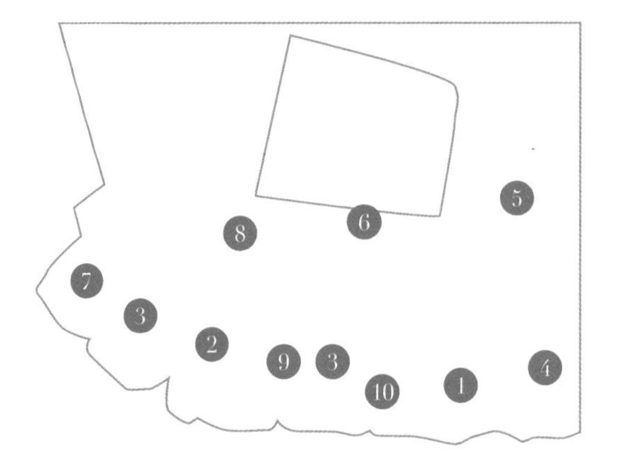

1 矾根『花毯』

2 矾根『红石榴果汁』

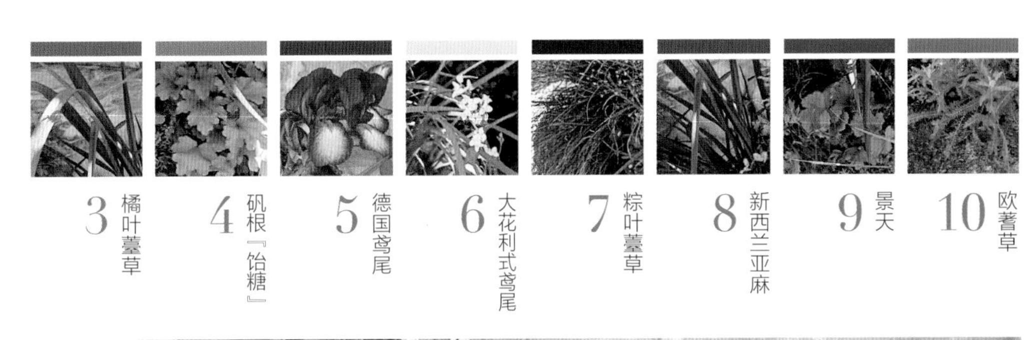
3 橘叶薹草
4 矾根『饴糖』
5 德国鸢尾
6 大花利式鸢尾
7 粽叶薹草
8 新西兰亚麻
9 景天
10 欧蓍草

蓝色雅致花境

这是一组蓝紫色系花境，鼠尾草和鸢尾组团种植奠定了花境的主题色，其间穿插白色系的毛地黄和耧斗菜，提亮花境颜色。四照花作主景植物种植于花境中部，作为视觉中心。

整体花境色彩清新、素雅，绿中星星点点紫色和白色，有种宁静的感觉。四照花是良好的焦点植物，是英式和日式花境的致胜法宝。

1 宿根鼠尾草

2 大花利式鸢尾

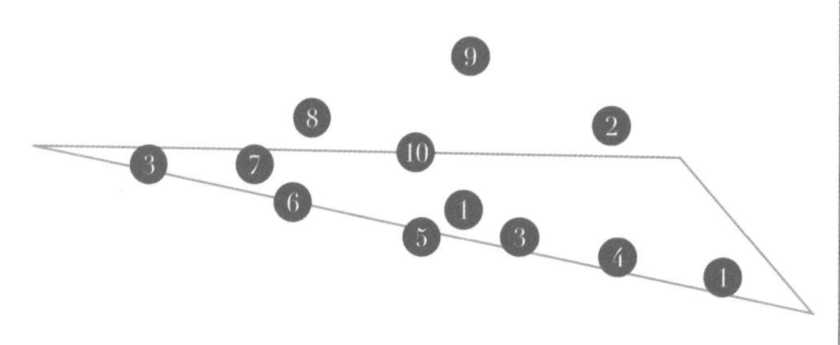

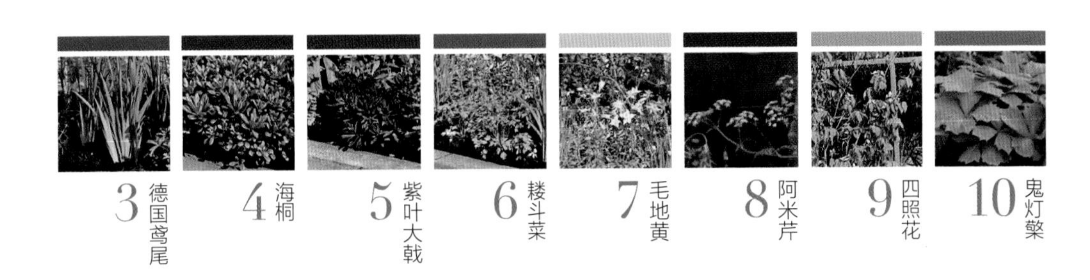
3 德国鸢尾
4 海桐
5 紫叶大戟
6 耧斗菜
7 毛地黄
8 阿米芹
9 四照花
10 鬼灯檠

HARTLEY BOTANIC
HANDMADE WITH PRIDE SINCE 1938

蓝紫+白色跳跃花境

这是一组蓝紫色系花境，多品种鼠尾草和蓝盆花组团式点缀在花境中，从体量上奠定花境的主色调。白色是百搭色，也能起到提亮的作用，飞蓬、风铃草、蓝目菊、矢车菊、木茼蒿等白色系的植物穿插在花境中，如繁星一般星星点点。

大花葱高挺而出，紫色小圆球富有趣味，如音符一般上下跳跃。

国人对白色植物不太感冒，甚至有些忌讳，但不得不说是搭配的好素材，既能过渡色彩也能提亮色彩，适当的运用能让花境丰富、生动。

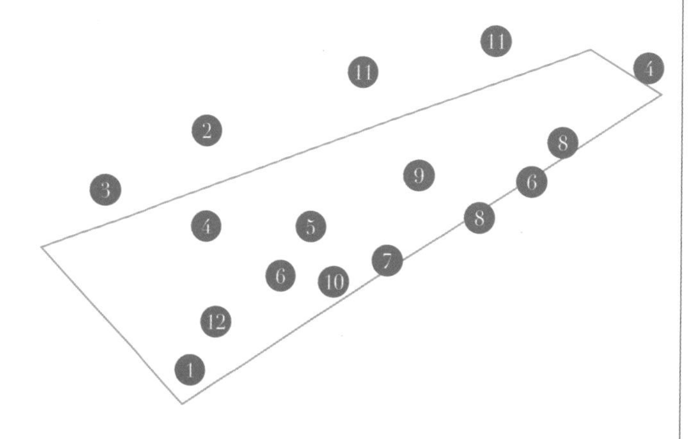

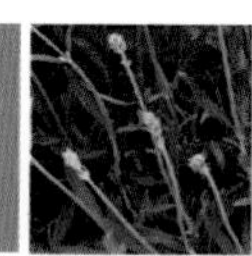

1 薰衣草

2 风铃草

3 矢车菊

4 宿根鼠尾草

5 蓝盆花

6 老鹳草

7 蓝目菊

8 木茼蒿

9 宿根鼠尾草

10 桂竹香

11 大花葱

12 飞蓬

Case 13

丛林阴生花境

这是一组阴生花境，模仿了丛林林下生境。树蕨的种植起到骨架作用，支撑了上部空间。羽状叶片在阳光下形成点点光影，甚是好看。

底部空间以蕨作为主打植物，穿插老鹳草、箱根草、橐吾、报春花及西伯利亚鸢尾等耐阴植物，这也是一个观叶的花境组合，多种植物叶形各异，色彩各异，如同置身于自然树蕨林下。星星点点的紫花点缀其中，鼻尖仿佛能闻到林下的湿气和土地的味道。

这组花境视觉上给人带来安静、祥和的感觉，简约又不失大气，适合应用于现代风格的花园之中。树蕨在我国只能应用于华南地区，且国内没有园艺化运用，它也是其他植物不能替代的。

1 蕨类

2 树蕨

3 老鹳草

4 橐吾

5 箱根草

6 鬼灯檠

7 西伯利亚鸢尾

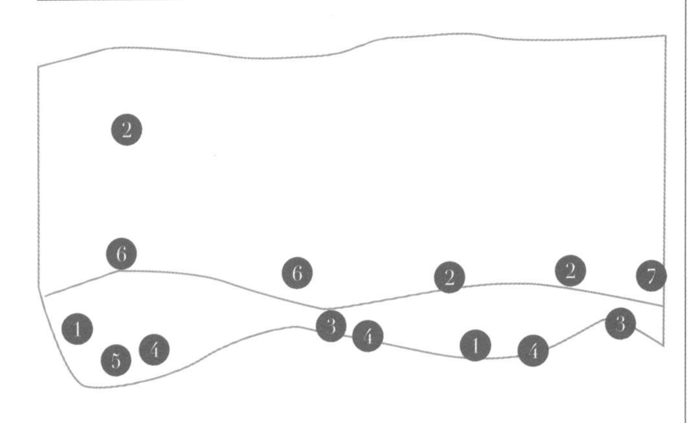

Case 14

森系阴生花境

这是一组林下阴生花境，模仿丛林林下生境。以老鹳草作为主打植物，间或搭配蕨类，点缀大滨菊和鸢尾，来营造自然林下植物的状态。整体色彩为绿中带着星星点点的粉色，高挑的大滨菊一枝独秀，成为绿中一点白，打破整体的植物格局。

线性植物两三组穿插集中，给人带来自然的随机感，富有趣味。

自然花境总体会给人带来一种零乱之感，但放眼大自然又会发现，自然之中的植物就是这般生长的，这样一想零乱美就由此而生。适度地控制植物的品种，以一种植物为主打植物，其他植物零星点缀，就能呈现比较好的效果，这样既能体现零乱美，又不会造成杂乱之感。

1 蕨类

2 老鹳草

3 大滨菊

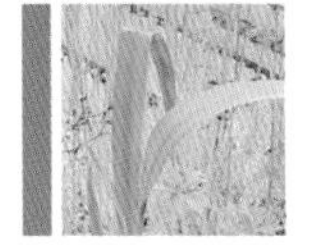

4 鸢尾

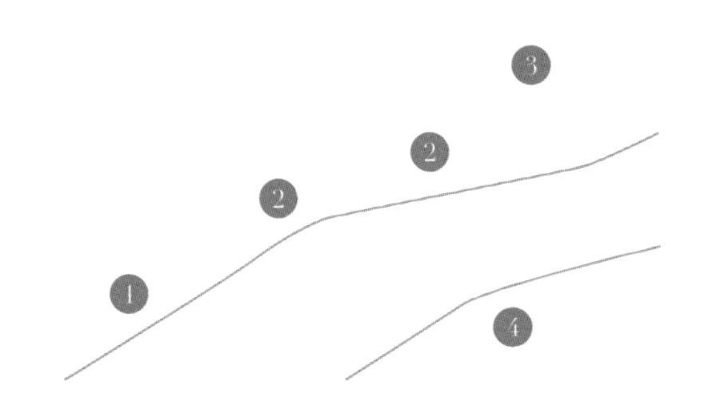

James Parker Sculpture

沙漠风花境

一组石头小品，搭配花境带有浓郁的沙漠风，植物选择了耐旱、多肉类植物。意在重现沙漠风景观。色彩多以绿色为主调，花卉也多以小碎花点缀其中。

多肉类植物点状种植在碎石中，模仿沙漠种植方式，突显小品景观。

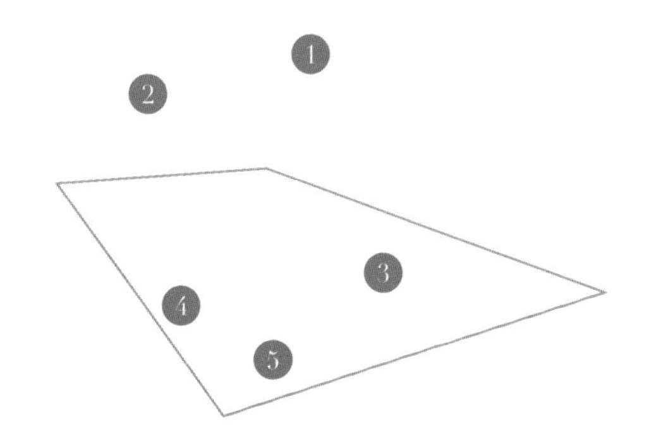

1 爬藤月季

2 紫荆

3 大戟

4 淫羊藿

5 大戟

粉紫色系花境

这是一组典型的粉紫色系花境，选择植物的都是竖线条的，几乎这个花境中囊括了大部分的竖线条效果好的植物。大花葱、鼠尾草、鸢尾组成的蓝紫色花境，富有层次，色彩过渡自然。远处独尾草和毛地黄将色彩从蓝紫色过渡到了白色，清新自然，富有浪漫气息。近处的灌木月季和海石竹的粉色亲和、脱俗，整体画面很是唯美、大气。

北方区域很难有图中的多种植物盛开且同框的效果。但这样的植物色彩搭配是值得我们学习的。

1
灌木月季

2
海石竹

3
鸢尾

4
宿根鼠尾草

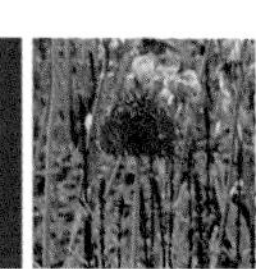

5
大花葱

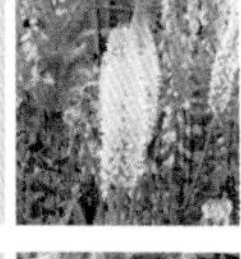

6
独尾草

7
毛地黄

8
黄杨球

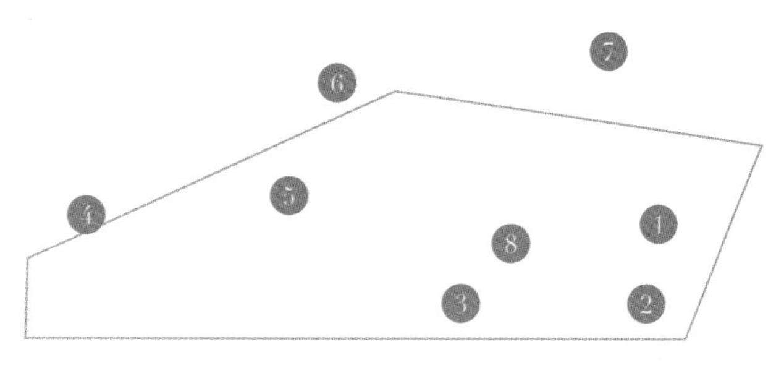

橙红色墙垣装饰花境

这是一组橙红色系花境，花境中以多种菊为主景，奠定了花境的主色调，烘托出一种喜庆、丰收的气氛。红色羽扇豆形成视觉焦点，提高花境层次，其与下层的菊类植物相呼应，左右两侧的棒棒糖月桂能增加花境结构，且其不会占下层的空间，是个比较好的高层结构植物。其间再点缀一些小碎花，整体花境就变得很丰满，有主有次，相互协调统一。

棒棒糖球的搭配还可以再活跃一些，现在的布置有一些呆板，与花境植物的互动也不是很好，如果能高低错落，相搭配会更有感觉。

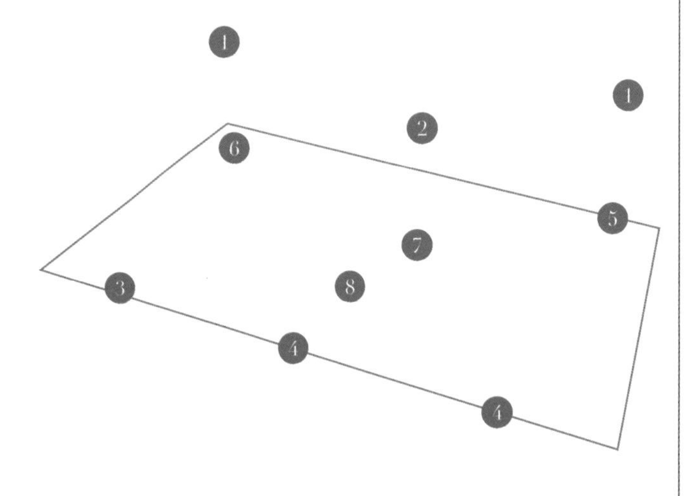

1
棒棒糖月桂

2
羽扇豆

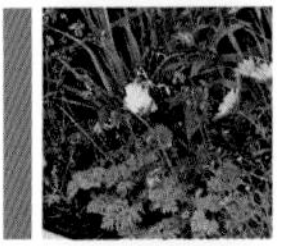

3
蕨叶荷包牡丹

4
矾根

5
红缬草

6
紫花河岸蓟

7
须苞石竹

8
南非万寿菊

Case 18 阳光房装饰花境

长条形种植池位于阳光房外侧，上层独干造型树，填充了上部空间，有个遮阴和支撑上层空间结构的作用，其又不会遮挡来自阳光房内平视的视线。

下层植物基本控制在50~60cm高度，独尾草一枝独秀跳脱于花境之上。蕨类植物是最为提气的花境植物，一大丛羽状叶就能填满角落空间，与矾根搭配，能忽略矾根叶子的形态，以观赏花序为主，这样就能避免多种叶形交织后产生的混杂感。

蕨类和老鹳草搭配也是一种较好的搭配组合，首先老鹳草叶形质感与蕨类植物相似，其次老鹳草花色淡雅，且两者植株高度上有个明显的高差，最后习性相近，由此得出是黄金搭档组合。

芍药的运用在花境中起到了骨架的作用，芍药姿态挺拔，叶形规整，花朵硕大，无花时可做骨架植物和观叶植物，有花时是花境中的焦点植物。英式花境中使用芍药的频率极高，芍药品种多样，也会植物设计师们青睐的好植物。

1 蕨类

2 矾根

3 独尾草

4 老鹳草

5 大星芹

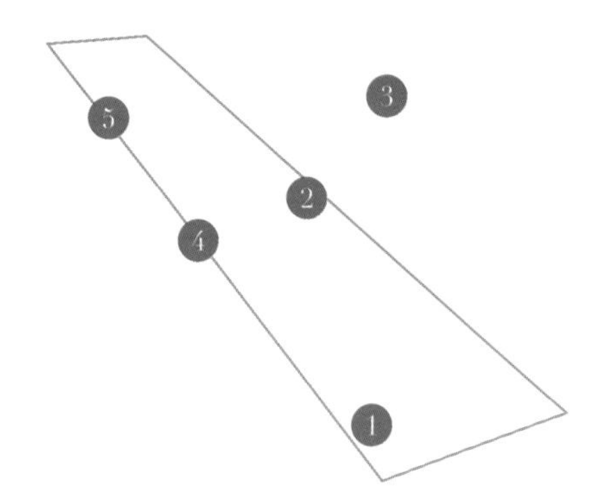

HARTLEY
HANDMADE WITH
SINCE 1938

Case 19 小木屋装饰花境

花境位于小木屋的一角，深灰色的小木屋和深灰色的铺装让空间氛围显得沉稳、厚重，需要从植物的色彩上进行点亮。于是，设计师选了一棵金色叶的鸡爪槭，只一棵就把角落空间给点燃了。下方是英式花境惯用的搭配方式，羽衣草和老鹳草的百搭组合，花叶老鹳草和黄杨球从色彩上做了呼应。

鸡爪槭选的分枝点可以高一些，使得分不清花境的上下层次更清晰。两者混合，无法将鸡爪槭的飘逸展现出来，倒显得臃肿不堪，虽色彩上给人眼前一亮，但细看后还是缺乏精致感。

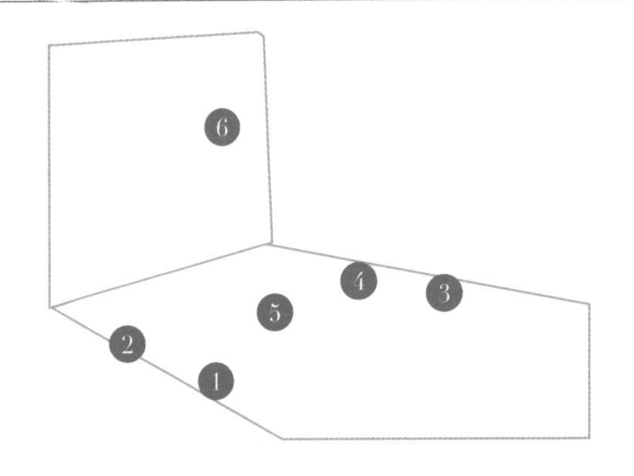

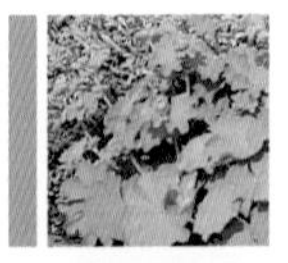
1 羽衣草

2 花叶老鹳草

3 黄杨球

4 水杨梅

5 勿忘我

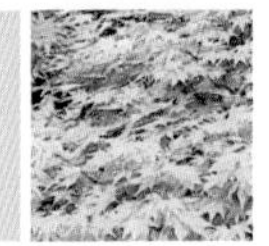
6 鸡爪槭

阳光房墙垣修饰花境

1
大花利式鸢尾

5
鸢尾

2
宿根鼠尾草

6
琉璃苣

3
狭叶珍珠菜

7
欧茴香

4
紫叶大戟

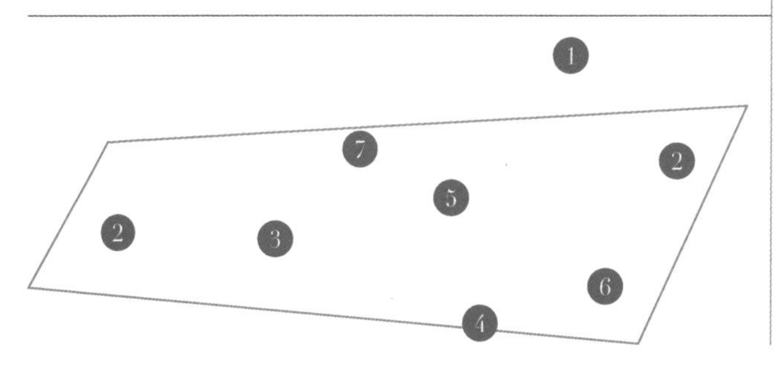

阳光房前的一角，花境围合阳光房而设，整体高度能正好弱化阳光房下层墙体基础，不遮挡上层的视线。这组花境整体色彩偏浓重、暗黑，是时下流行的复古色系。所以在植物花卉色彩选择上都选择了暗红、深紫、红黑色，饱和度低，色彩重。除了花色上选择偏浓重色外，叶色上也进行了色彩呼应。可能设计师觉得色彩有点过于沉重 ，就加了白色系的鸢尾进行了调色，百搭色白色在这里发挥了作用。

看腻了粉蓝色系、蓝紫色系、橙红色系花境，偶尔转变一下来个“重口味”花境，也是一种视觉感官的转变。

座椅围合装饰花境

这是一组围合式的花境种植，花境三面围合白色休闲座椅，整体营造出一种舒适、浪漫的氛围。花境整体呈红紫色系。以绿作为背景打底色，穿插饱和度高的红色花卉植物，矾根、羽扇豆、芍药，色彩耀眼，夺人眼球。

在绿色背景植物中，前景部分加入了银色叶植物，以增加色彩感，中层加入玉簪，做结构支撑，高层的菜蓟也是结构植物的作用，丰富叶形的变化。

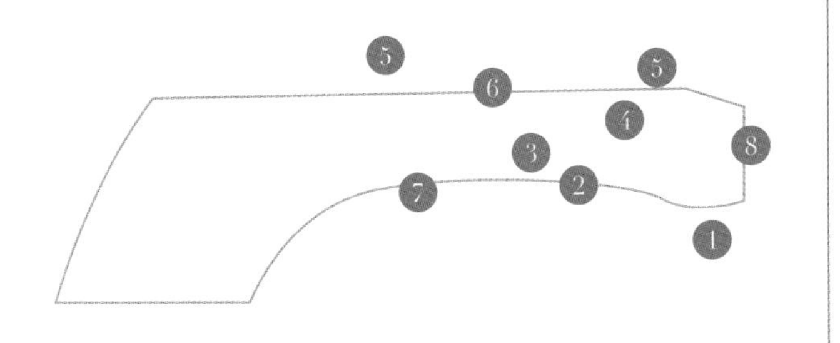

1 矾根

2 羽扇豆

3 绵毛水苏

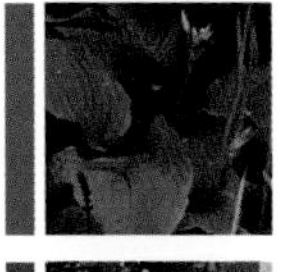

4 玉簪

5 大花葱

6 菜蓟

7 鸢尾

8 芍药

雕塑花坛花境

这组花境结合雕塑小品，给人以可爱之感。粉色和黄色给人带来浪漫的气息，报春花的加入让整组花境更加可爱、动人。这组花境还是阴生植物组合的典范，多种蕨类植物和玉竹混合其中，两者独特的叶形，给花境带来了细腻的质感。

1 报春花

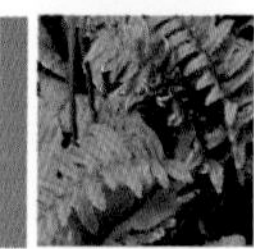

2 蕨类

3 蜜蜂花

4 轮叶黄精

5 羽衣草

6 玉竹

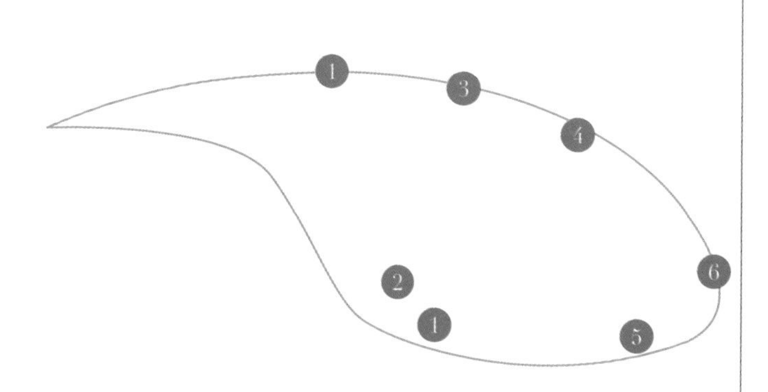

品牌标示装饰花境

白色的背景墙，木色的标识牌，给人以田园、美好之感。植物搭配迎合背景色调，植物的选择上也集中选择了白色系植物。白花四照花种植于转角处，与围墙互相掩映，来柔化围墙边线。前侧植物种植在树桩容器中，故设计师搭配了常春藤爬藤植物，来填充树桩缝隙，有一种垂坠感。常春藤小叶独特，是比较青睐的垂吊植物。转折焦点处的大红色的花卉，在白色系植物中脱颖而出，增加了花境组合的色彩饱和度，也带来了写浓烈的气息。中间绿叶植物过渡，整体保持素雅、清淡之感。

白色花境受小部分女性喜爱，大自然中的白色其实也有分类，米白、莹白、象牙白，都各有区别，白色植物百搭，又能给人带来清淡之感，清雅、淡泊之人与之最有共鸣。

西辛赫斯特城堡花园中的白色花园闻名于世，其后大部分设计师受其启发在花园中加入了白色元素，到如今已有一定量的白色花境追随者。

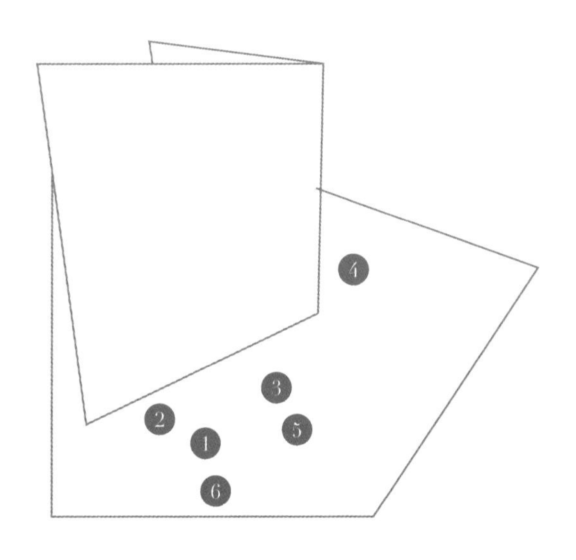

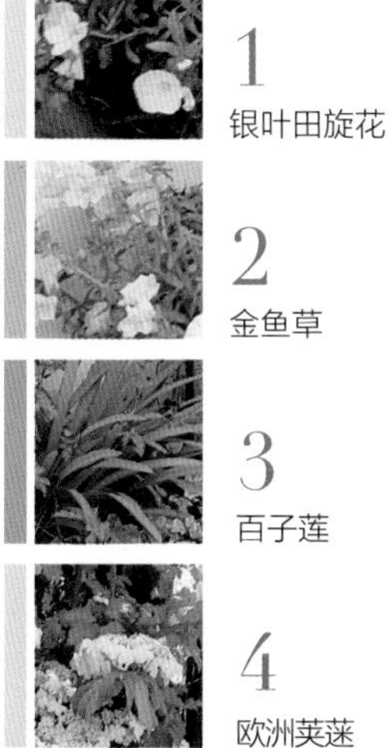

1 银叶田旋花

2 金鱼草

3 百子莲

4 欧洲荚蒾

5 花叶常春藤

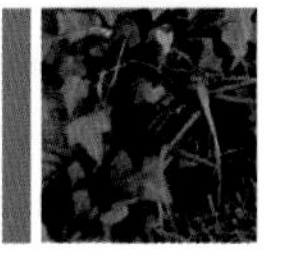

6 常春藤

RHS
CHELSEA
FLOWER

花园杂货装饰花境

这组花境中，观叶植物占据主体，花感并不强烈，设计师巧妙的将铜质的形似虞美人的小雕塑穿插其间，替代开花植物形成花境视觉焦点。

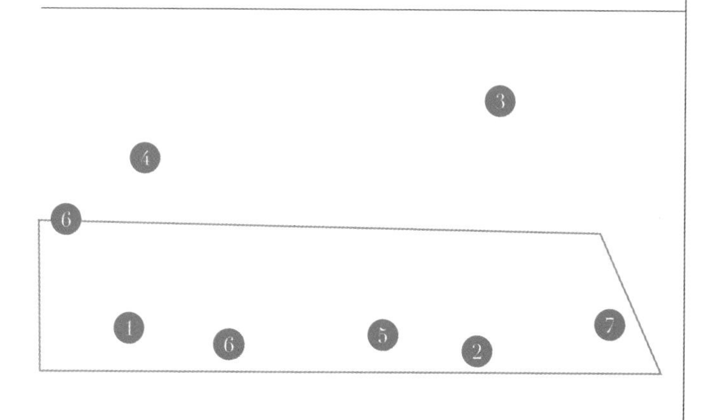

1 玉簪

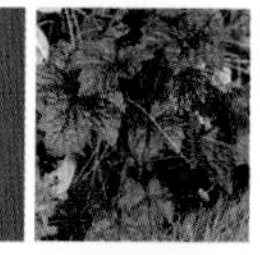

2 矾根

3 鸡爪槭

4 紫叶小檗

5 花叶锦带

6 羽叶接骨木

7 巨针茅

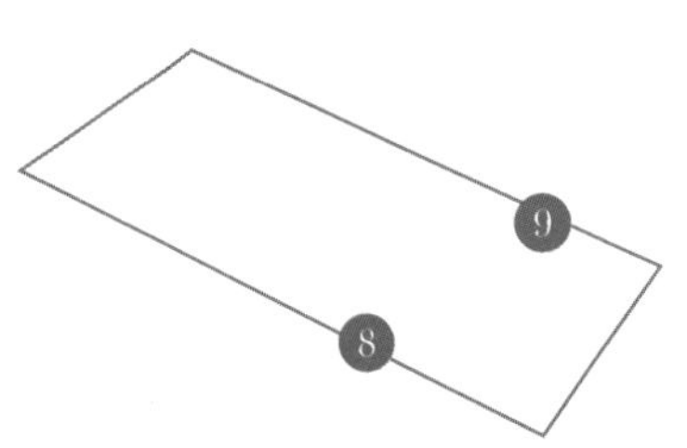

8
老鹳草

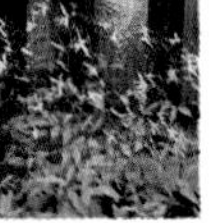

9
三叶绣线菊（星草梅）

值得注意的是，雕塑材质与后侧吊篮座椅统一，从而使花境与软装布置产生关联，虽是微小的细节，却提升了整个景观的精致度。

对于一些观叶植物比重大，开花植物花期短、花量少、花朵细碎存在感弱的组团，本案中设计师在花境中穿插点缀小型雕塑装饰品的创意，非常值得我们借鉴。

如本案花境品种层次都很丰富的情况，雕塑则宜简约，能够充分融入；若是花境色彩、质感、层次较为单一，则可选用造型相对突出的雕塑小品，以增强视觉焦点度。

Case 25

景观墙垣花境

狭长、规则的空间，采用富有节奏性的规律种植，非常适合运用在现代风格的花园。

修剪整齐的雀舌黄杨作为花境骨架奠定了整体节奏，形态自由的大花葱和白穗地杨梅散落其间丰富韵律打破呆板，前景银白色系的低矮宿根提亮边界，避免花境与草坪连成一片，同时与背景白色围栏相呼应。

在花境中大量穿插生长缓慢造型可控的灌木，为柔弱的花草提供支撑，有利于维持花境的稳定性，对于园艺新手或是没有大量时间投入的朋友们而言，能够大幅降低养护难度。

配色方面，大花葱浓郁的紫色，在纯净的白色的背景围栏和绿色的种植底色前格外突出，银白色与紫色的对撞，加入一点鹅黄调和，色调明快时尚。

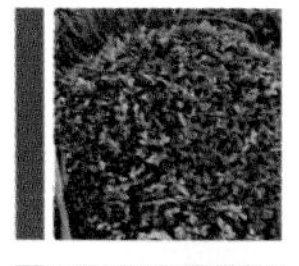

1 雀舌黄杨球

2 大花葱

3 白穗地杨梅

4 绵毛水苏

5 绵衫菊

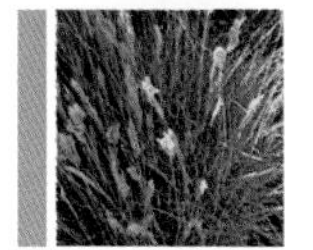

6 蓝羊茅

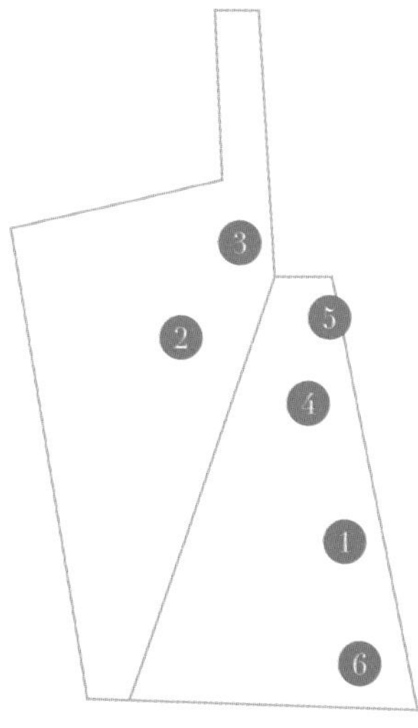

雕塑产品装饰花境

由单一树种营造的林地空间，下层种植各种耐阴植物增加变化，将自然引入身边，比自然树林精致，又比精致花境野趣，尤其适合面积较大的场所。

林地树种的选择以树形挺拔直立性强者为佳，如白桦、银杏、银红槭、水杉、小叶椴等。

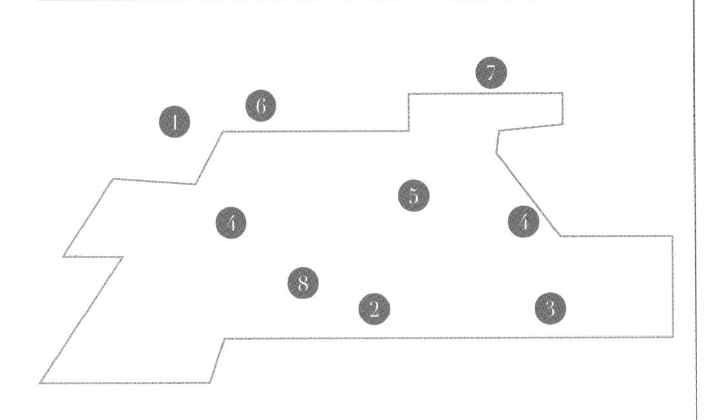

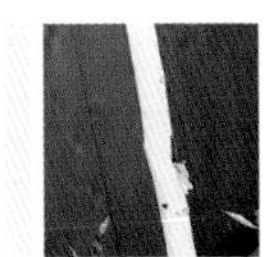

1 白桦

2 蕨类

3 红豆杉球

4 宿根鼠尾草

5 百子莲

6 毛地黄

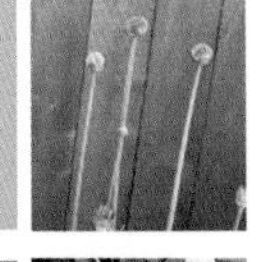

7 大花葱

8 芍药

简洁明快的庭院花境

此花境给人的第一感受是温暖，犹如秋日的午后，慵懒柔和，四株高杆金边黄杨球以其饱满浑圆的体量为花境确立了黄色基调，下层的棕叶薹草、饴糖矾根自带凋零色彩，将原本偏清冷的黄绿基色拉近暖色，飘摇的橙色水杨梅花像极了烤火盆中跃动的火苗，花境所呈现的气质与场景信息高度贴合，着实令人赞叹。

在我们的日常运用中，或许不需要营造某一特定场景，但这种运用植物色彩形态实现心理暗示的手法值得灵活借鉴。例如花园中阴暗消极的角落，可以通过明快的种植进行化解；酷热暴晒的环境，也可以运用淡雅清新的植物创造清凉舒爽的印象。

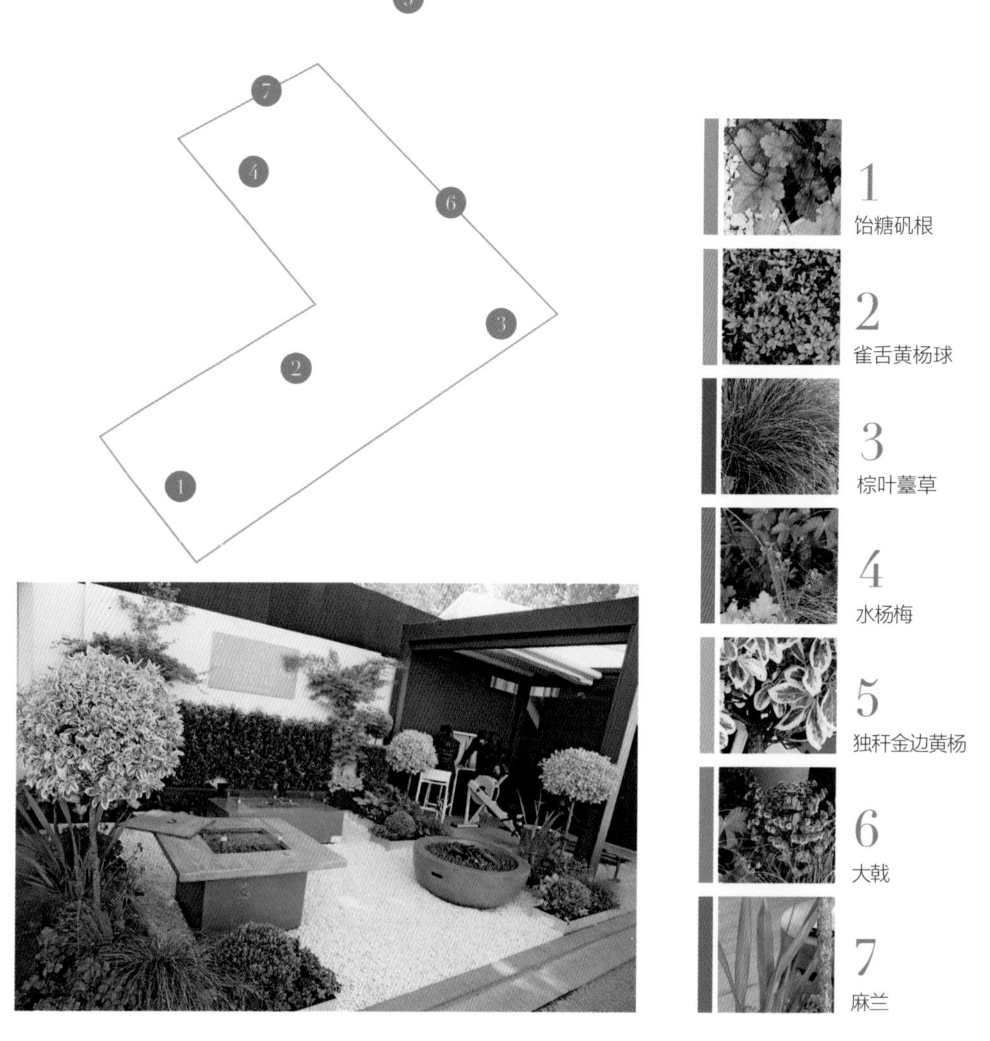

gabriel
Tradition &
A HUGHES & Co.

阳光房墙垣装饰花境

此组花境围绕着木质阳光房、削弱阳光房墙角的存在感；虽然花境色彩搭配丰富，但也有规律可寻，主要是以白色系为主色，花境边缘是紫色荆芥和间隔种植，橘色的水杨梅的色彩占比较小，紫色与橘色的碰撞形成了对比，却又不失协调；上层植物主要以粉色渐变到橘黄色再到粉黄色，白色花葱的存在正好承接了玫粉色的羽扇豆和橘黄色的毛蕊花的过渡。

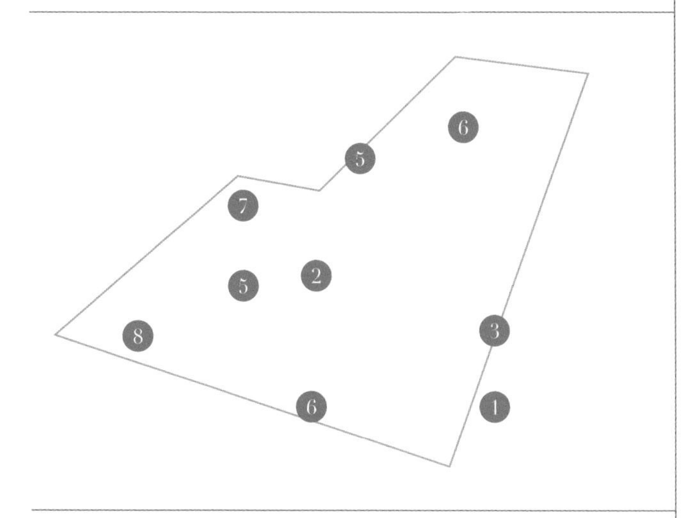

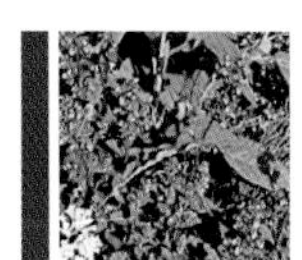
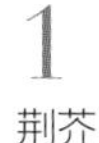

1 荆芥

2 毛地黄

3 水杨梅

4 毛蕊花

5 羽扇豆

6 八仙花

7 大花葱

8 落新妇

水景小雕塑装饰花境

整个花境是以金属质感的树叶雕塑做为焦点，利用雕塑做水循环，流水经过“叶面”层层跌落到水中；既生动又有趣，增加了花境的灵动性。

植物上的变化也是多样的，不仅种类多样就连同一种类的玉簪都有多种品种；大父玉簪、金边玉簪、法兰西玉簪。虽然叶片相似但却有不同的颜色和纹理，统一中不乏变化；除了玉簪还有常春藤和薹草，它们的叶片形态都有着极大的差距，使整个花境的布局松弛有度，给人一种舒适感；最后用环日菊作为花境的点缀，橘黄色的花心给花境增添了活泼、欢快的氛围。两只蜗牛的小雕塑放置在水池边作为点缀，使花境的趣味性更浓了。

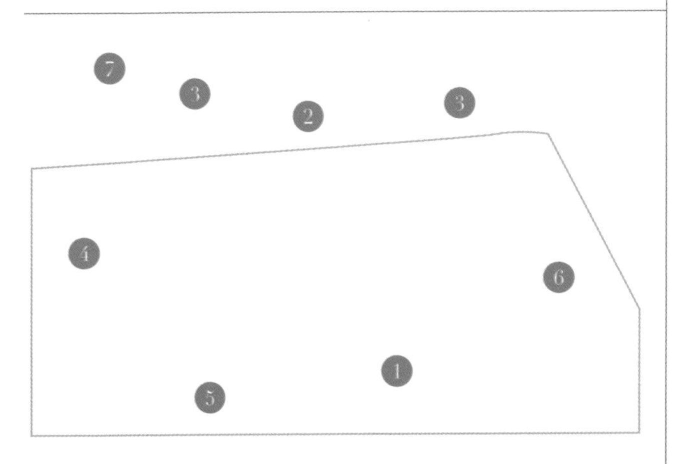

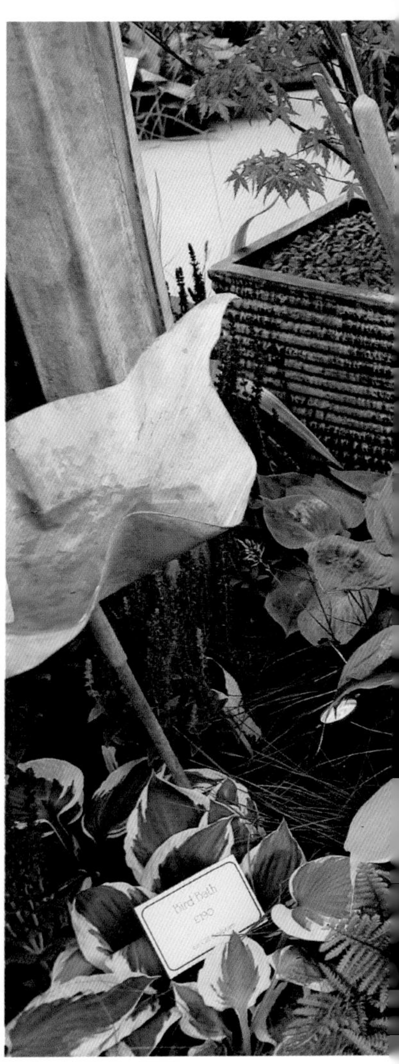

1 薹草
2 玉簪
3 玉簪
4 玉簪
5 环日菊
6 常春藤
7 鼠尾草

Double Leaf/Bulrush
& Reed
£910

户外休闲区小花境

休闲区的一角被“L”型的花境包围着，以小叶黄杨球做为骨架，使整个花境变得立体起来；底层植物主要以橘黄色和黄绿色为主色彩与烤火盆里的火焰相呼应，使得休闲区温馨不失活泼。上层植物主要以大花葱和紫叶红栌，丰富了花境的色彩，使整个花境变得饱满起来；白花飞燕草点缀了花境，与白色的家具相呼应，增加了休闲区和花境的互动感。

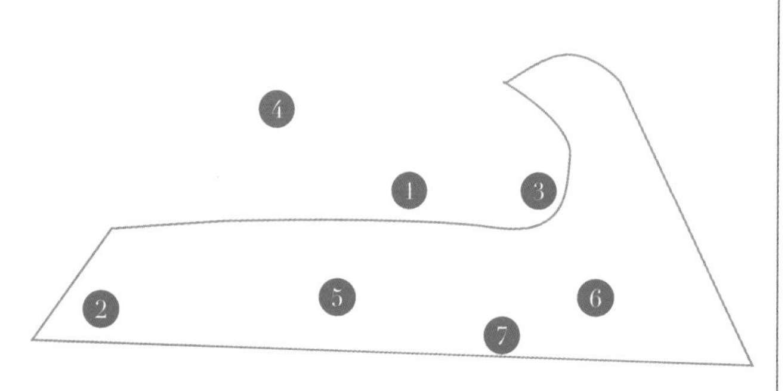

1 黄杨球
2 箱根草
3 红栌
4 花葱
5 大戟
6 金边玉簪
7 南非万寿菊

T H E C A S E
B R I T I S H F L

容 器 小 品

RongQi

XiaoPin

●

容器花园在欧美国家应用较早，而且非常广泛。多种观赏植物被种在容器里，移动非常方便，尤其是在北方，很多花草无法露地过冬，容器花园可以在冬天搬到室内，春天再搬到室外，非常方便；除了单盆容器，也可以多盆进行组合装饰，形式多种多样；而且容器花园很少受到病虫害以及杂草的侵扰，管理方便。最近几年，国内容器花园的应用也越来越普遍。

Bramblecrest

Case 01

花木箱

长条形花木箱常见于商业空间，因其可以方便地对场地进行围合划分，活跃商业空间氛围而广受商家青睐。

以灌木做为基础种植，提供长效观赏，穿插点缀宿根花草及一二年生植物，从而确保花开不断。

为突显商业识别度，可将种植容器和花卉色调与商家LOGO、门店标志进行统一，甚至采用对比色制造冲突也不失为抓人眼球的良方。

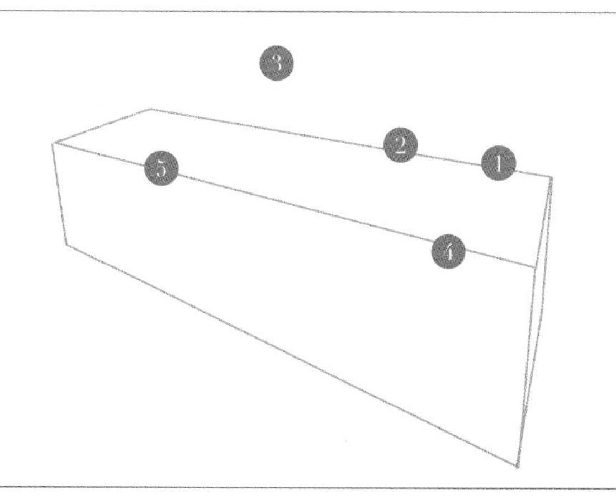

1
黄杨球

2
倒挂金钟

3
毛地黄

4
矮牵牛

5
蕨类

The Finest Gates & Garage Doors
Bespoke Garden Joinery
Garden Bollard Lighting

种植槽小花境

如此狭长到堪称线状的种植槽决定了只能采用草本植物，而且没有前后交错的余地只能排排种，植物间失去了前后掩映、高矮胖瘦搭配的机会，一不留神就会变成简单的“陈列”。

这种情况下就需要选择“性格相似”的花草——体量质感接近，容易相互融合成整体，且大小与种植槽匹配，避免头重脚轻。试想若在其中插入一丛百合，是否就过于跳脱了呢？

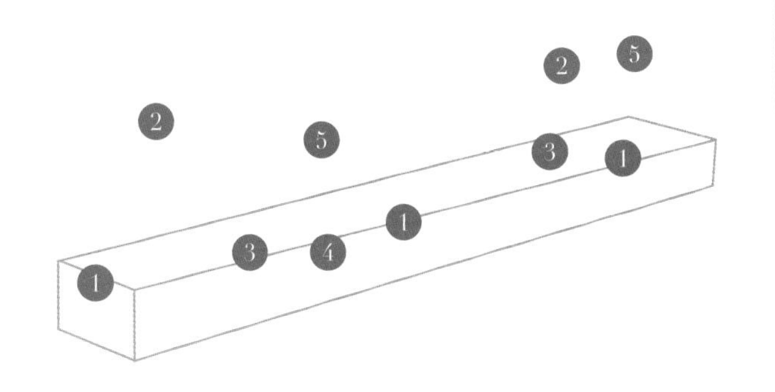

1 淫羊藿

2 耧斗菜

3 臭草

4 羽衣草

5 蕨类

种植池自然式花境

该种植池可谓是近年来流行的自然式花境的微缩呈现。在不大的场地内集中了多达十几种植物，还能做到缤纷却不凌乱实属不易。

但这种自然风格的花境效果仅能作为短期展示，无法持续，因为相似形态的植物高密度种植会导致植物所需生长空间重叠，适者生存，更强健的植物留下，其他遭到淘汰。最终稳定下来的花境效果与最初配置虽有所不同，不过花境状态更加强健，这也是自然式花境所追求的生态性。

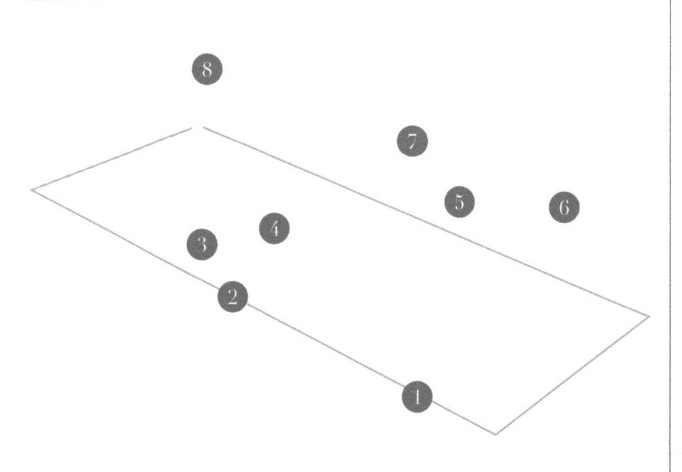

1 老鹳草

2 淫羊藿

3 玉簪

4 蕨类

5 鸢尾

6 峨参

7 鬼灯檠

8 欧洲荚蒾

花园家具装饰容器花园

设计师选取了深浅不同的粉紫色花卉，在同一色系内由深至浅渐变，花序形态上也由高耸直立的羽扇豆向饱满圆润的八仙花过渡，既兼顾了形态色彩组合，又不失喜庆热闹氛围，相较国内节日花坛各种高饱和度色块铺陈，这种组合方式在美感和精致度方面都更值得学习。

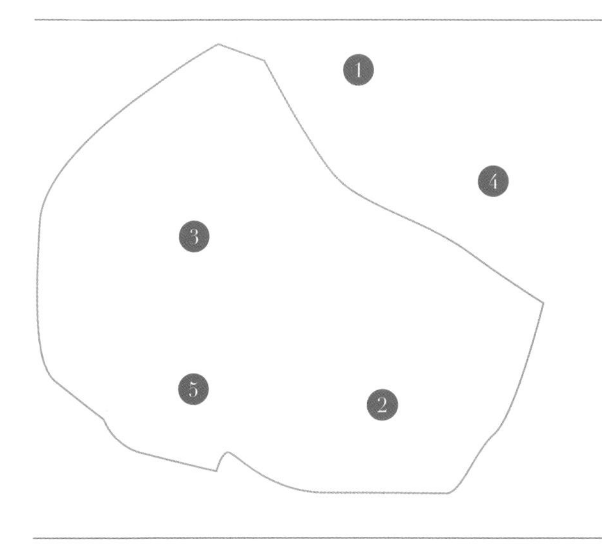

1 羽扇豆

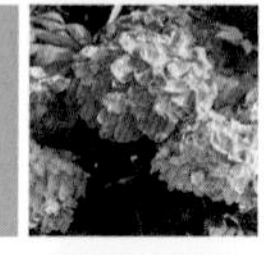
2 八仙花

3 毛地黄

4 落新妇

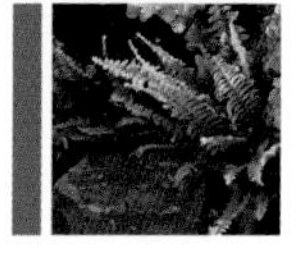
5 蕨类

Design Scandinavia AB

WARNER'S
ANGELICA
ROOT

自然式盆栽组合式花境

组合盆栽并非简单地将不同的植物种植在不同的容器中，也需要根据环境选择适宜的风格，如本案中木质做旧花木箱色调与背景小屋木结构近似，红陶、铁皮花盆的拙朴与文化石墙面的历史感相呼应。植物选择上也避开了精致的品种，选用质感相对粗犷的香草植物。单独看某一盆盆栽并不出彩，组合起来，融入环境则呈现出亲切自然的田园乡村风格，这也正是组合盆栽的意趣所在。

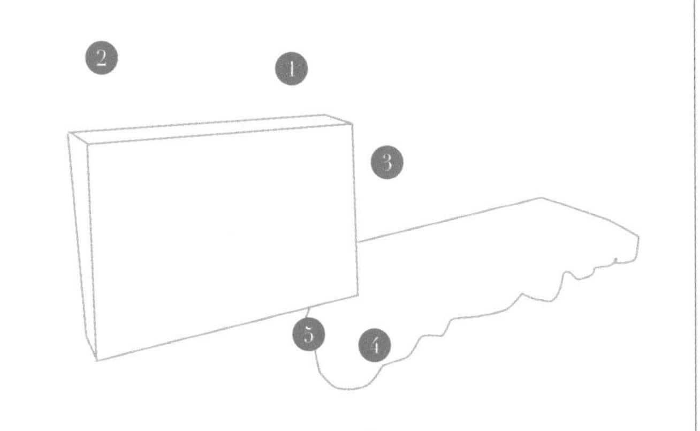

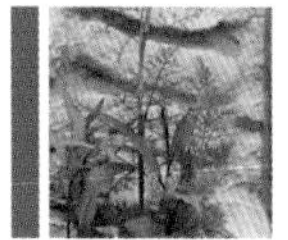
1
茴香

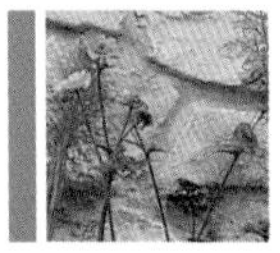
2
水杨梅

3
迷迭香

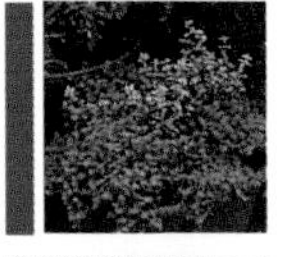
4
百里香

5
草莓

盆栽组合式花境

用相同类型不同样式的容器进行组合，是最常见也是最安全的一种搭配方式。选择植物时通常将相对较高的植物栽植于最高的容器中，辅以匍匐垂吊植物如常春藤、金叶番薯、花叶蔓长春等，在最为低矮的容器中种植所选植物中高度最低的品种，由此借助容器放大植物高矮层次。

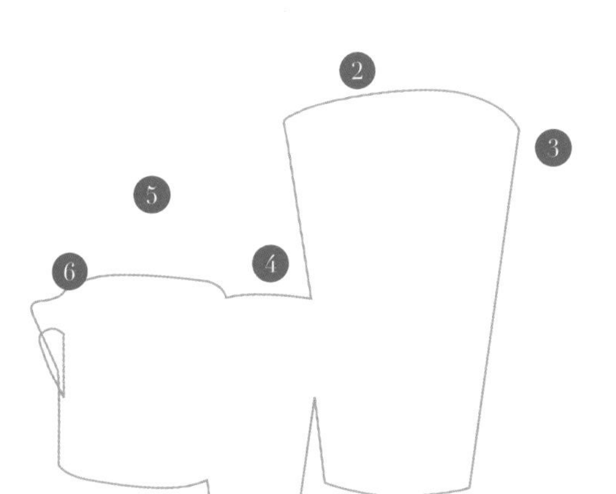

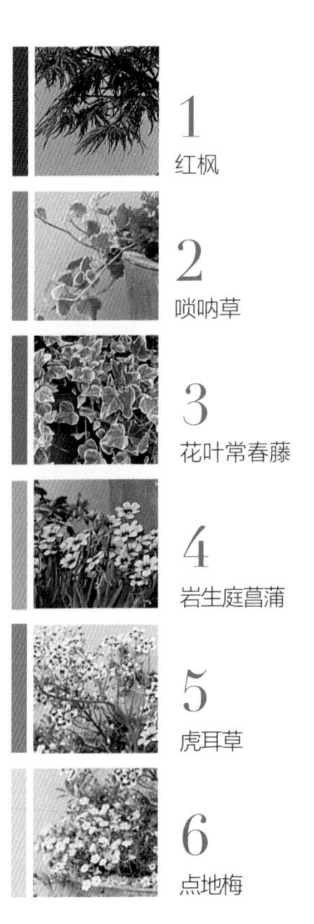

THE PLANT LOVER'S GUIDE TO
HARDY
GERANIUMS
FERNS
Peony
CLEMATIS
SEDUMS
HARDY GERANIUMS
EPIMEDIUMS
CARNIVOROU
PLANTS
GARDENING WITH
EXTRAORDINARY
BOTANICALS

产品展示趣味花境

此处花境可以分为两部分来看，左侧为一小型焦点组团，配合标志牌吸引视线点明主题；右侧为带状花境，跟随小路蜿蜒伸展引人探索。两部分功能不同但又相辅相成。

因此左侧花境在配置时要注意辨别度，除植物本身抢眼外，还可以配合一些有趣的容器、装饰品等吸引目光；而右侧则相反，不能太过抢眼盖过焦点组团，需要体现序列感，竖向性的毛地黄和高雪轮沿行进路线排列，给人以方向性引导。

这组花境美中不足的是焦点组团与背景序列关联有余突出度不足——背景花境的重点色粉色高雪轮在焦点花境也有运用，为二者建立了联系，若是能在焦点花境中加入同色系颜色更为浓郁的品种如灌木月季、芍药等，则能更加突出焦点。

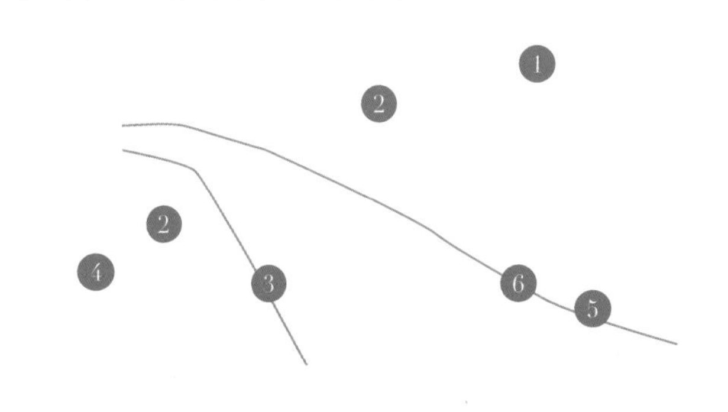

1 毛地黄
2 高雪轮
3 茼蒿菊
4 落新妇
5 龙淡状婆婆纳
6 矾根

DOG WALKING

T H E C A S E

B R I T I S H F L

展 示 花 境

Zhanshi HuaJing

●

展示花境是在各种花卉展览会上，企业、机构等为了展示新优植物而布置的花境。展示地点可以是室内，也可以是室外。

展示花境的每种植物都配有标牌，让看展的观众（包括企业的潜在客户）可以很方便地认识这些新优植物品种，并了解其特性；而用这些新优植物精心设计的美丽的花境则可以向观众展示其应用效果和方法，告诉观众这种植物可以这么用，这样的搭配效果很好，从而激发客户的购买欲望。

所以与其他花境不同，展示花境的主要功能是科普、商业宣传推广等。它经常呈现了花境最理想的状态，但是实用和实践性方面往往有所欠缺。花友在实际应用中应该根据场合、位置、气候等实际情况加以改进。

小丽花主景花境

这是一组以小丽花产品为主题的展示花境，花境的主题植物是小丽花，设计师选择了多种粉色系的小丽花布置在花境中心，其间穿插羽扇豆、毛地黄、大花飞燕草这三种高挺植物来混搭。目的是为了凸显小丽花的焦点作用。

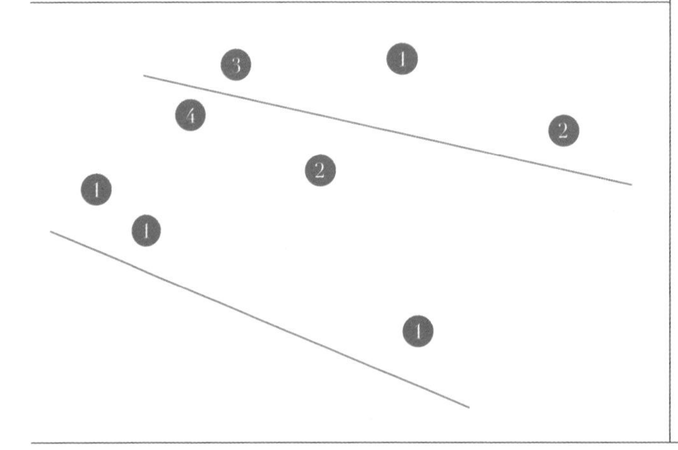

1 小丽花

2 毛地黄

3 大花飞燕草

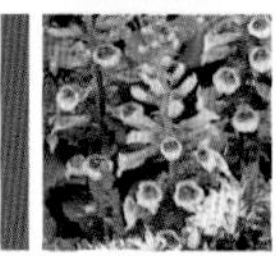
4 羽扇豆

Dahlia
Strawberry
Sensation

GILLENIA
trifoliata
AGM

Case 02 临水花境

这组花境整体模仿了水边的植物生境，主要体现了自然的风貌。线条类叶片的植物大量布置在水系周边，与欧洲月季等植物混种在一起，自然的气息就扑面而来，顿时让人回到了故乡，感受到了溪流、河边就是这样的情景。整体花境种植色彩以素雅为主，欧洲月季的单瓣花朵是这里的主角，星星点点的红花和黄花成为摇曳的配角，在风中随风摆动，如同一幅乡村油画，点点色彩泼洒而上。

线条形叶片的植物是自然水生环境花境中点题的关键植物之一，有了它就能把自然水边植物摇曳感表现出来，再搭配一些野花类的植物就会很出彩。

1 三叶绣线菊（星草梅）

2 欧洲月季

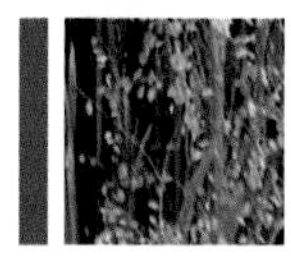

3 臭草

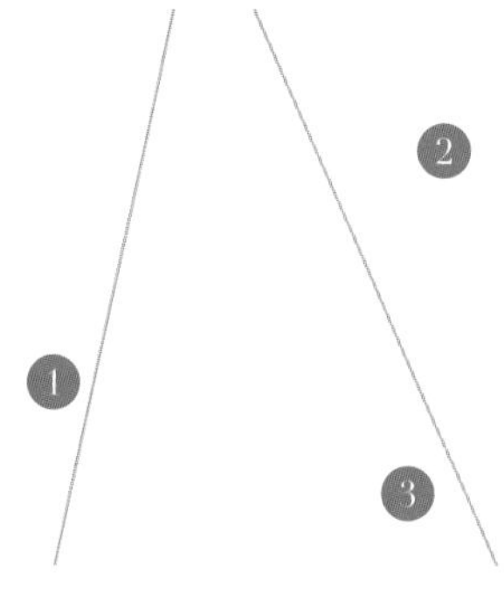

多层次展示花境

高处一棵开满白花的乔木煞是壮观，有种梦幻之感，格外吸睛。下层花境分布在一个斜坡之上，利用高差的优势来布置植物。

整体色调为锈红色，花卉颜色都偏暗红，花色饱和度低，局部中间加入黄色的金莲花来分散低饱和度带来的沉闷感，提高整体亮度，这样也让花境色彩灵动起来。适当的粉色欧月和羽扇豆加入了一丝曼妙感。

但整体颜色还是过于暗淡，与上方的白色乔木之间的过渡会显得有些生硬，如果能减少些暗红植物，这组花境会更加轻盈、美好。

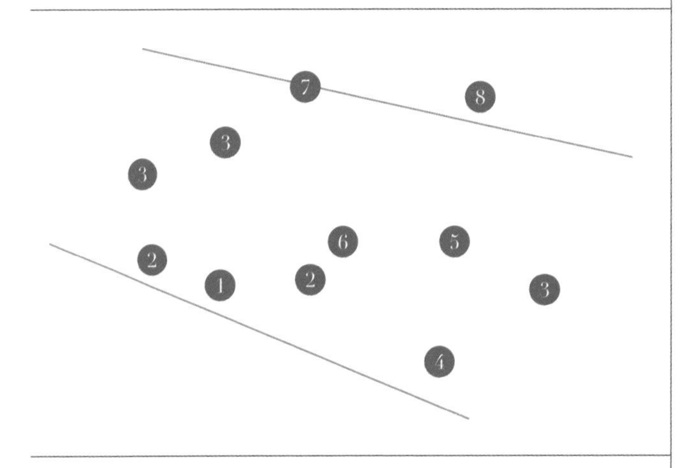

1 毛地黄

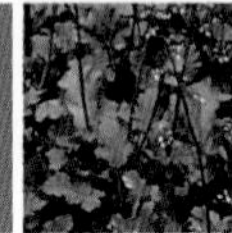

2 矾根

3 羽扇豆

4 秋鼠尾草

5 欧洲月季

6 水杨梅

7 红栌

8 火焰卫矛

Cotinus
coggygria
Golden Spirit
Digitalis
isabelliana 'Bella'
Salvia greggii
'Icing Sugar'
Geum
Scarlet Tempest

Case 04 阴生植物展示花境

这是一组阴生花境组合，搭配的植物都是耐半阴或者全阴的植物。阴生花境一般都是以叶色的缤纷来调整整体色调，尤其是玉簪和矾根，是这里边杰出的代表。因为花卉基本都是小而碎，起不到成片、成团的效果，所以叶色的变换在这里变得尤为重要。基本上是不同绿色的变化，掺杂着矾根的锈色。报春的花比较伶俐、可爱，局部的点缀就能丰富花境的色彩。鸢尾是竖向型的高层植物，其能改变阴生花境的整体高度变化，也是焦点植物的存在。

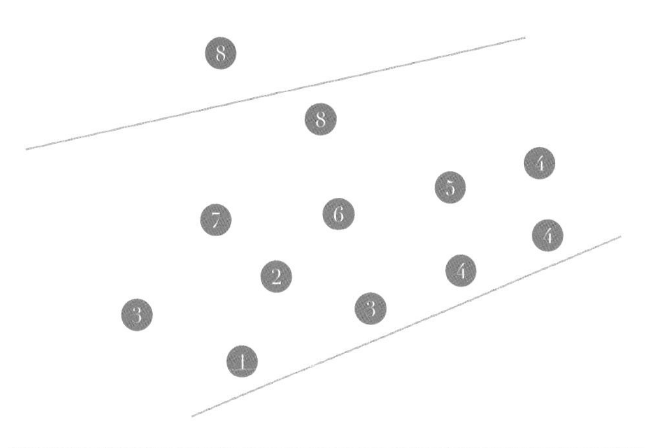
8
8
4
5
7
6
4
2
4
3
3
1

1
心叶牛舌草
5
鸢尾
2
蕨类
6
唐松草
3
报春
7
矾根
4
玉簪
8
鸡爪槭

粉蓝色系花境

这组花境用到了大量的植物种类，灌木、草本；线条性、团块状等等，非常丰富。花境的整体性不够好，色彩有一些分散，主景焦点部分的色彩厚度不够重，所以整体性会弱一些。白色、蓝色植物的加入有些稀释主色调，分散了焦点。所以就会让花境第一眼看到有些抓不住重点的感觉。

花境的整体色调为粉蓝色系，设计师通过欧洲月季和芍药的大花朵来撑起整个花境的主色调。为了加强粉色系，设计师还加入了蓝盆花、锦带等植物。而后在其中加入了白色、蓝色花卉的植物来过渡色彩。

1 石竹

2 芍药

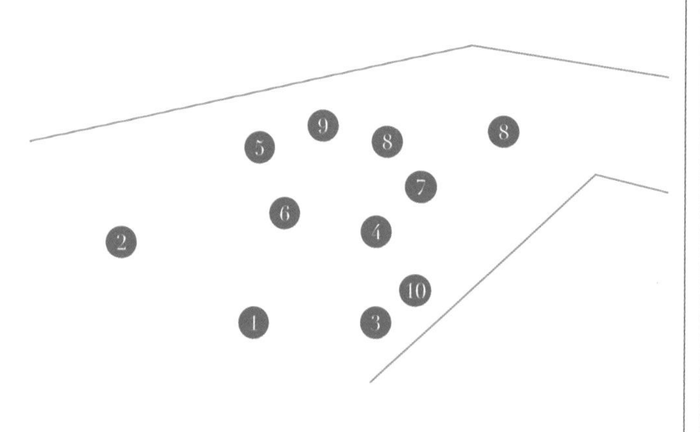

3 锦带　4 薰衣草　5 耧斗菜　6 欧洲月季　7 蓝盆花　8 羽扇豆　9 鸢尾　10 蓝羊茅

纯白色展示花境

这组花境是很纯正的白色花境组合。顾名思义白色花境就是由多种与白色相关的植物组合的花境。可以花是白色，也可以是叶色中带白色。白色也可以宽泛到银白、米白、象牙白、银色。因此一组白色花境基本都只有白色和绿色两种颜色，色彩很单一，但呈现的效果是很震撼的，看过了五彩缤纷的花境后，你可能也会被白色花境所吸引，因为它能带给人久久的注视，百看而不腻。

这组花境运用了白色的小丽花和绣球作为主景植物，这两种植物的花卉都比较大且密集，能在厚度上达到一定的体量感。当然为了缓解过于厚重，设计师加入了观赏草来将它们做一个分隔，有一些留白、插空的作用，也会让人感觉没有那么密集。羽毛枫的加入也是为了缓解前侧带来的视觉密集感，羽毛枫特有的叶子质感，给人带来柔软飘逸之感，舒缓了花境的整体节奏感。高层设计师选择了万能高挺植物——羽扇豆和大花飞燕草。两者独特的花序能起到拔高的作用，让花境的层次更为丰富，加入竖线条的结构。

这组花境整体看起来很整齐、丰满，也是比较好打理的，适用于现代花园，能一下就突出花园的气质。

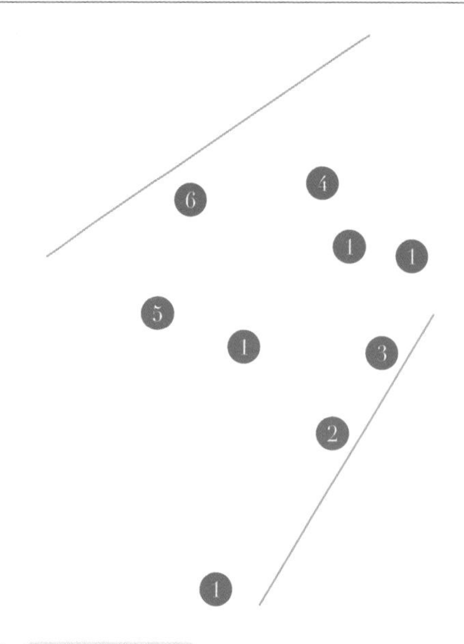

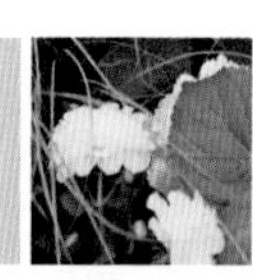
1 小丽花

2 绣球

3 大戟

4 羽扇豆

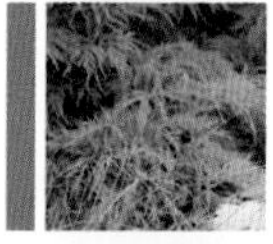
5 羽毛枫

6 毛地黄

Euphorbia
Purpurea

蓝盆花主景花境

这是一组简单的花境搭配，蓝盆花做主景植物，其间穿插种植光舞墨西哥橘灌木来做结构骨架。高荆芥提高花境高度。铁线莲种植在盆器中，显得比较整洁，盆器的高度一下拔高了铁线莲的高度，成为花境的焦点重心。色彩为紫色单色花境，自然简单。

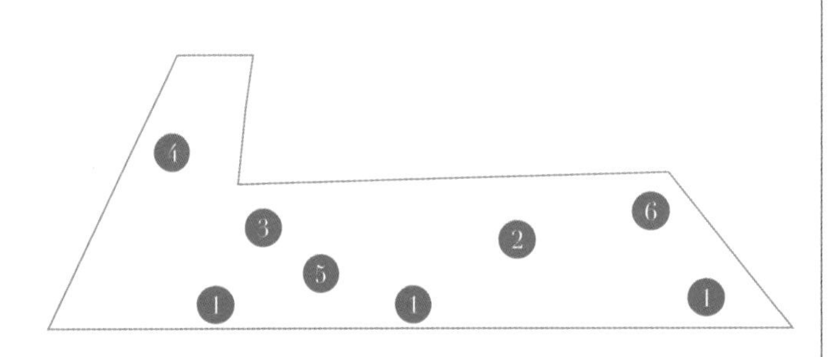

Hardy's
ASTRANTIA
'Burgundy Manor'
Hardy's
GEUM
'Lisann

简洁大气花境

大叶的大根乃拉草作为转角的骨架植物撑起了花境的上层空间，低层加入大星芹和水杨梅，两者叶形和上层的大叶植物相呼应。这样的搭配适合于现代花园中，能延续花园的整洁大气风格。花境以绿色为主，搭配其他星星点点的小花，夏日的清凉感和野趣就充分显现。

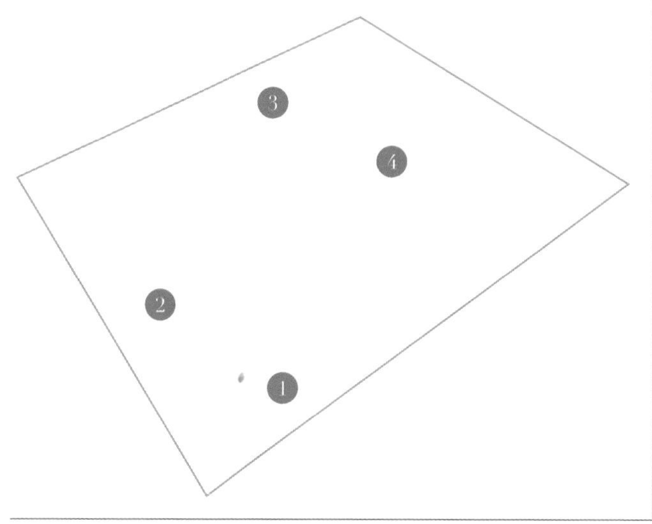

1 水杨梅

2 大星芹

3 大根乃拉草

4 老鹳草

红色秋日花境

前景中一片红色的小丽花分外夺目，团状的花朵可爱迷人，带有一种童话色彩。大花飞燕草的加入从竖向上拔高了整体花境，与后方的小木屋相互掩映。波斯菊的加入增添了几番灵气，缓解小丽花花朵带来的密实感。红色主景花境，给人热烈奔放之感。

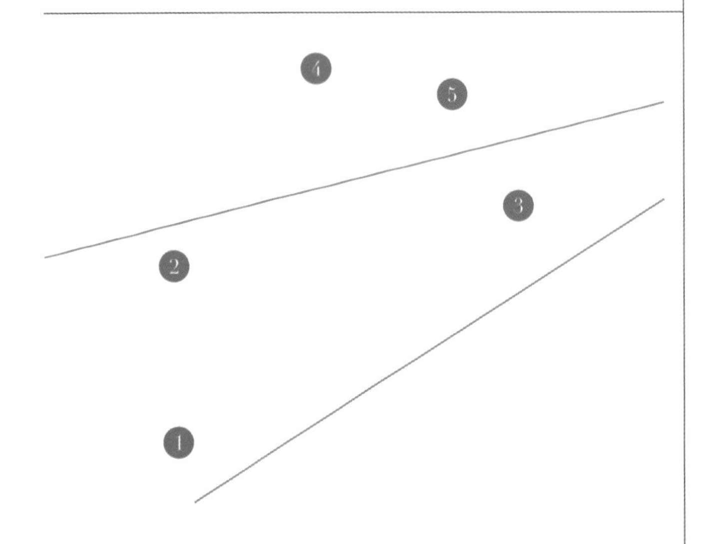

1
小丽花

2
大花飞燕草

3
欧茴香

4
爬藤月季

5
大丽花

X PETCHOA
'BRONZE'
Dahlia
Ivanette
Greenyard
fruit
products

丰富的混合式花境

展示花境设计一般与产品展示密不可分，Hobby公司的花境以展示花境的丰富性及美观性为设计理念，所以当看到喜阳和喜阴植物混种的场景就会觉得见怪不怪了。但其色彩的搭配手法还是值得我们来学习的。

这组花境整体是呈现黄橙色系。洋水仙、花菱草和圆当归植物组团种植于花境中央区域，顿时明亮温暖之感铺面而来，再点缀一丛蕨类植物，其细腻的叶片质感，既起到了骨架作用，又能起到舒缓作用。花境上层搭配圆当归、羽扇豆丰富其花境层次。底层的小丽花再次呼应色调主题，点燃整体的氛围。但小丽花的数量太多，花色饱和度抬高，让整体花境下层太过于耀眼、浓郁，会给人带来窒息感。少量运用会完美许多。

黄色系花境，由于黄色的高饱和度，会给人带来强烈的视觉冲击，所以要把握好植物的量是至关重要的一点。

1
小丽花
2
洋水仙草
3
蕨类
4
花菱草
5
香豌豆
6
羽扇豆
7
圆当归
8
欧洲菘蓝
Dahlia
Happy
Single Party

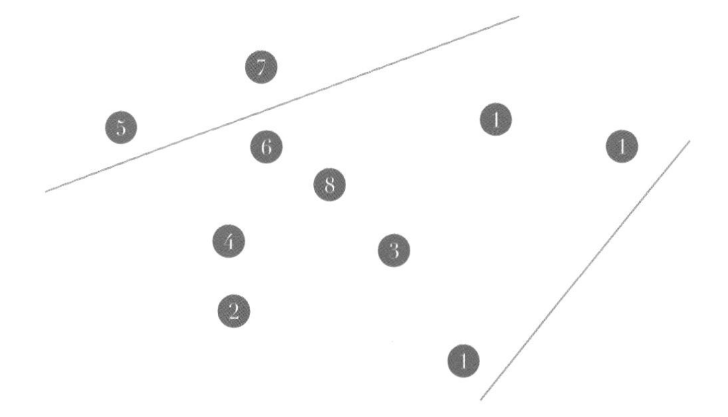
7
5
6
1
1
8
4
3
2
1

居家生活花境

一幅具有生活气息的画面，原木的坐凳，配上竹篮装饰盆景，居家的氛围扑面而来，竹篮里的石竹似乎在向过往的游人传达着来此小坐的心声。

枕木铺设的小路，缝中长满了野草，自然感满分。大团的玉簪从坐凳下探出来，座椅背后是高挑的毛地黄和蓝盆花，此处风景独好，瞬间便能拉回到英式乡村。左侧的蜜蜂草吸引蜜蜂、蝴蝶的靠近，能听到动物扇动翅膀的声音。

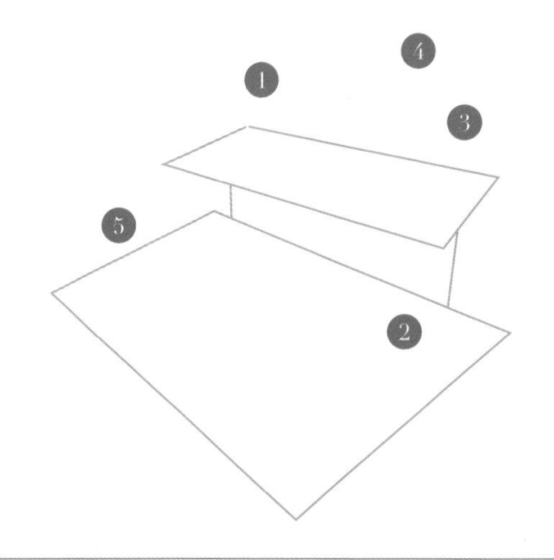

1
石竹

2
玉簪

3
毛地黄

4
蓝盆花

5
蜜蜂草

花园门前花境

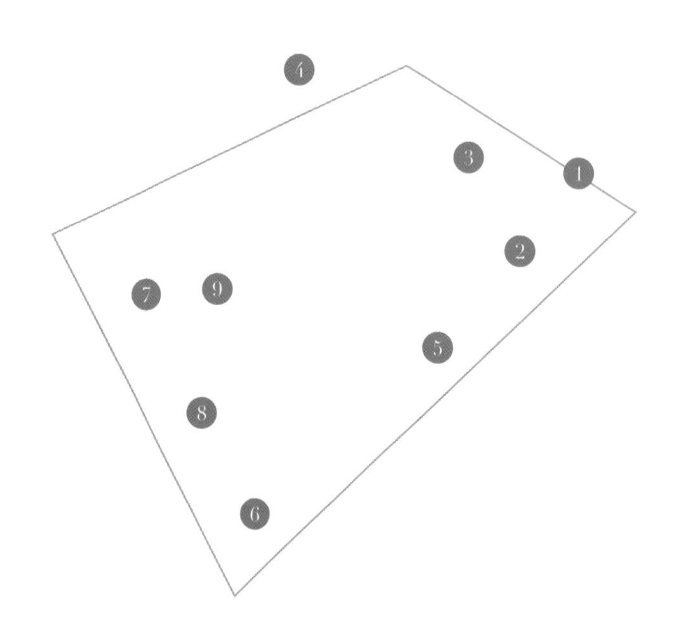

1 杜鹃

这组花境构建的场景是乡村花园入园门两侧。重点突出花园入口的自然气息和迎宾的热烈。为了突显花园入口的隆重，花境的整体色调呈现红橙色系。但颜色的走向是从素白缓慢转变为杜鹃的红色，有一个递进的过程，这样的处理会 让花境看起来很有韵律感，不会显得一下到达了高潮，却又毫无起伏所带来的无趣感，当然也能引导客人的视线，向前侧探望，由一点素白吸引，最后萌生想要入花园一探究竟的好奇心。

碎石小径两侧的花卉颜色是相互呼应的杜鹃的红搭配羽扇豆的红色，金鱼草的粉色与猬实相呼应，石竹的白色和绵毛水苏相衬。金鱼草的花序姿态与羽扇豆相呼应，灌木的杜鹃和猬实相

2 金鱼草
3 栎叶绣球
4 鸡爪槭
5 欧洲月季
6 石竹
7 白花金鱼草
8 宿根鼠尾草
9 蕨类

01209 860316
BURNCOOSE
NURSERIES
www.burncoose.co.uk

得益彰，黄色的欧月呼应主题色，又起到了过渡的作用。细品之后，会发现组花境有很多细节之处。左侧花境搭配相对规整，右侧又偏自然一些，相互的对比又会有一种别样的视觉冲击。

个人喜欢设计师加入杜鹃的想法，很大胆也很有效果冲击力。

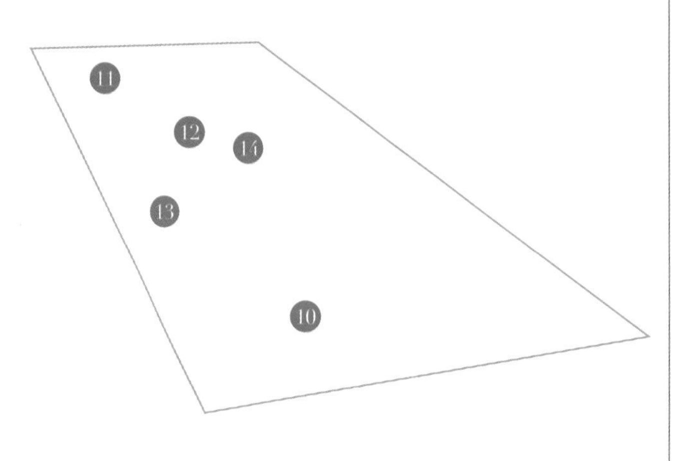

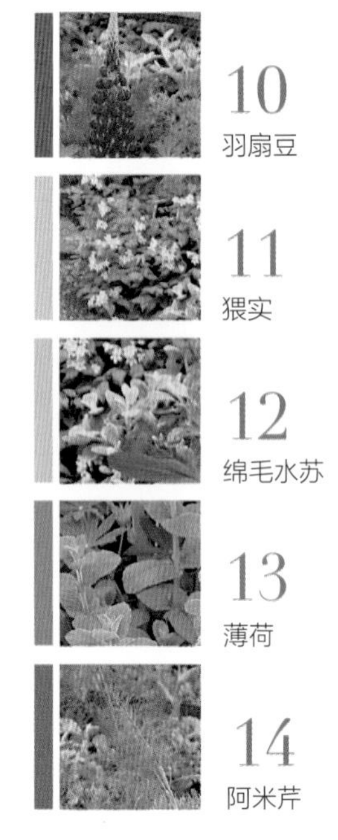

Case 13 林下阴生花境

这是一组林下阴生花境，选用了林下常见的蕨类植物和苔藓做搭配，枯树桩装饰，更加贴近自然状态。报春的加入，让画面灵动了起来，犹如林中的仙子，可爱加分。整体绿色雨林的感觉，清凉之感扑面而来。

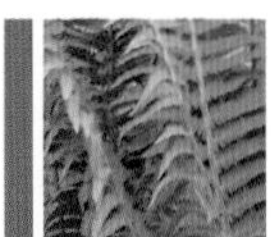
1 蕨类

2 报春

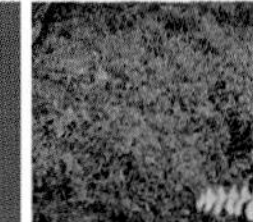
3 苔藓

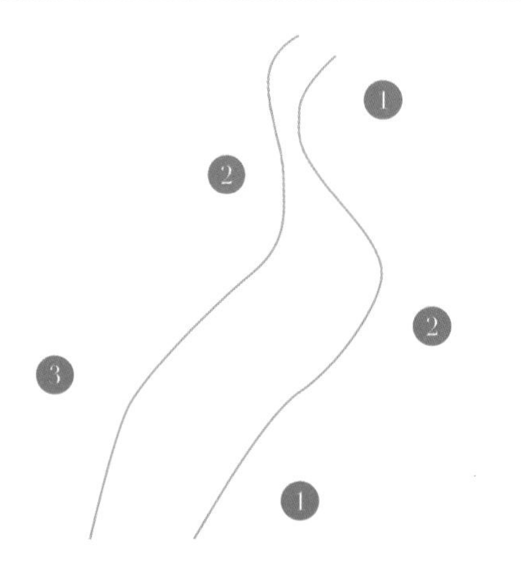

Primula japonica
'Alba'
Primula
poissonii

杜鹃主景花境

杜鹃从高度、体量上起到了主景植物的作用。玉簪和矾根的布置，两者从叶色上与主题色进行了呼应，这样的呼应比较和谐不突兀，过渡比较自然。下层就加入了各种蕨类植物，通过绿色才衬托主色调。

这样的搭配整体就会让人很舒服，有明确的主题色，有明确的主景植物，不会给人感觉很杂

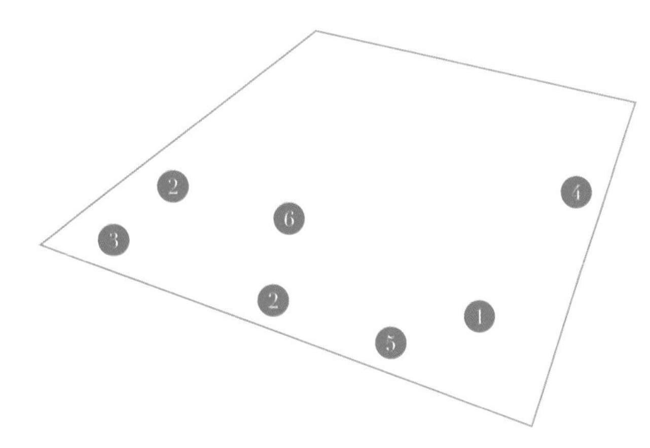

乱，适合于现代花园。

这组花境是以黄色为主色调，杜鹃的黄色是最为点题的布置，仔细观察还能发现一些小细节，是设计师的“小心机”，比如羽衣草的黄色花、蓼类叶上的金色叶缘都是点题色。紫花植物的加入能丰富色彩，又不会抢夺主色调。